一不小心就成為昆蟲了
──笑不停的昆蟲冷知識

陳聘 著·繪

U0545477

※ 書中以趣味的四格漫畫與插圖呈現昆蟲的行為，會有類似擬人化的表現，並帶點戲劇效果，讓讀者能以更有趣的方式初步認識昆蟲。

※ 書中的真實照片為該昆蟲或相近種類的圖片。

本書通過四川文智立心傳媒有限公司代理，經四川天地出版社有限公司授權，同意由碁峰資訊股份有限公司在港澳台地區發行繁體中文紙版書。非經書面同意，不得以任何形式任意重製、轉載。四川天地出版社有限公司對繁體中文版因修改、刪減或增加原簡體中文版內容所導致的任何錯誤或損失不承擔任何責任。

目錄

一不小心就成為昆蟲了

蟬寄甲	頭蠅	切葉蜂	琴蟲	沫霧甲蟲	沉睡搖蚊	鼓甲	行軍蟻
2	4	6	8	10	12	14	16

頭蝨	負泥蟲	沫蟬	瘤蛾	石蠶蛾	螳蠅	貓毛蟲	中國巨竹節蟲
18	22	24	26	28	30	32	34

姬蜂	叩頭蟲	獨角仙	鼠尾蛆	糞金龜 1	羽蝨	象鼻蟲	蒼蠅 1
36	40	42	44	52、54	48	50	46

III

趁著嘴還在，快說我愛你

蒼蠅2	豆芫青	蜻蜓	棕長頸捲葉象鼻蟲	埋葬蟲和蟎蟲	鹿角糞蠅	紅袖飛蚹	長喙天蛾
58	60	62	64	66	68	70	74

長臂天牛	鎧蠅	17年蟬（週期蟬）	舞虻	旌蛉	划蝽	小灰蝶	葉蟎
76	78	80	82	84	86	90	92

螢火蟲	白蟻	竹節蟲	蜉蝣
94	96、98	100	102、104

今天吃什麼好呢?

北極燈蛾 …… 122

獵蝽 …… 120

食蚜蠅 …… 118

扁頭泥蜂 …… 116

蚊蠍蛉 …… 114

熊蜂 …… 112

螞蟻和蚜蟲 …… 110

秋行軍蟲 …… 108

礦蜂 …… 136

泥蜂 …… 134

蟻蛉 …… 132

收穫蟻 …… 130

蜜罐蟻 …… 126

弄蝶 …… 124

媽媽說的準沒錯

- 捲葉象鼻蟲 …… 156
- 蟻后 …… 154
- 蒼蠅 3 …… 150
- 吉丁蟲 …… 148
- 胡蜂 …… 146
- 悍蟻 …… 144
- 三葉蟲紅螢 …… 142
- 蟻獅 …… 140
- 松毛蟲 …… 162
- 椿象 …… 160
- 稠李巢蛾 …… 158

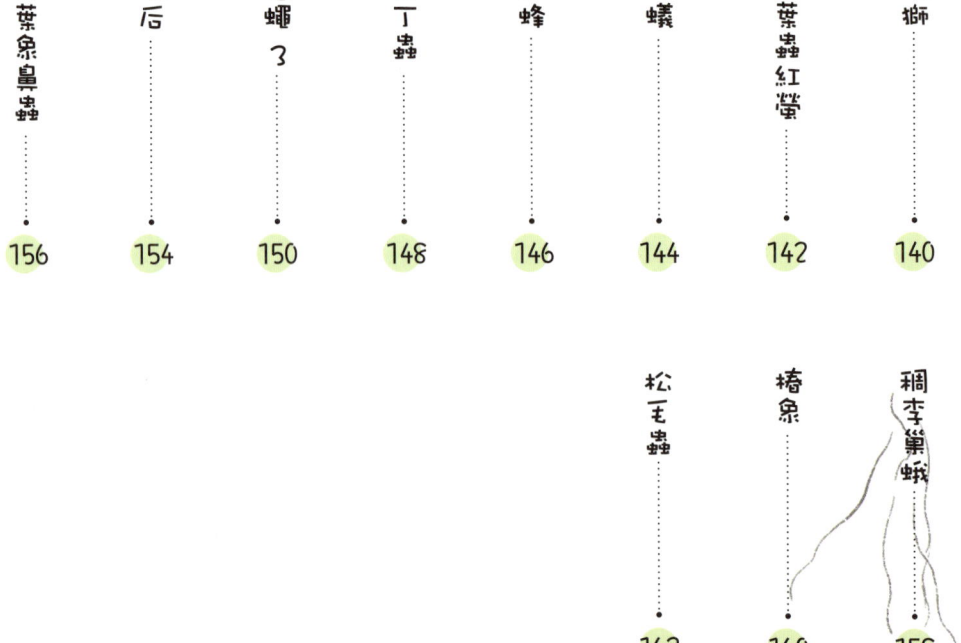

 就知道不能高興得太早

| 鬼臉天蛾和龍眼雞 …… 166 |
| 赫摩理奧普雷斯毛毛蟲 …… 168 |
| 炮步行蟲 …… 170 |
| 虎甲蟲 …… 172 |
| 蜜蜂1 …… 174 |
| 爆炸平頭蟻 …… 176 |
| 鰹節蟲（皮蠹） …… 178 |
| 截首蟻 …… 182 |

| 孔雀蛺蝶 …… 184 |
| 伊莎貝拉天牛 …… 186 |
| 血鼻甲蟲 …… 188 |
| 美東笨蝗 …… 190 |
| 子彈蟻 …… 192 |
| 枯葉蝶 …… 196 |
| 蟋蟀 …… 198 |
| 采采蠅 …… 200、202 |

| 印尼人面椿象 …… 204 |
| 佛羅里達巨山蟻 …… 206 |

當大人可真麻煩

紅毛竊蠹	銀葉粉蝨	胭脂蟲	七星瓢蟲	水黽	蟑螂	隱士臭花金龜	蜜蜂2
226	222	220	218	216	214	212	210

索引	蜘蛛	瓜實蠅	糞金龜2	小蜂科	蘭花螳螂
238	236	234	232	230	228

一不小心就成為昆蟲了

　　蟬寄甲可不是什麼「美妝達人」，這對超濃密的「假睫毛」其實是牠的觸角。觸角對昆蟲來說如同鼻子的功能，觸角越大越長，與空氣接觸的面積就越大，嗅覺就越靈敏。大大的觸角雖然有利於蟬寄甲接收異性的費洛蒙，幫助牠們尋找伴侶，但是也有副作用，那就是容易暴露自己的位置。你猜對於蟬寄甲來說，天敵和愛情哪個來得比較快？

頭蠅是一種頭很大的蒼蠅,而其頭部幾乎被眼睛占滿,看起來像個無線麥克風,被戲稱為「K歌之王」。碩大的複眼擁有廣闊的視角,就像超廣角鏡頭一樣,所以,千萬不要在頭蠅背後搞什麼小動作。

　　當遇到心儀的葉片時，切葉蜂的身體會像圓規，以後腳當圓心，身體繞著圓心轉圈，並用鋒利的大顎切出圓形或半圓形的葉片，帶回家築巢。如果你看到千瘡百孔的葉片，就知道是切葉蜂在打造蜂房了。

琴蟲

有話到警察局說！

有的昆蟲長得很「藝術」，就像一把大提琴。沒錯，我說的就是琴蟲。從側面看，你會發現其身體薄如一張紙，這有利於鑽到樹皮裡躲藏起來，或者在土地的縫隙裡靈活穿梭。

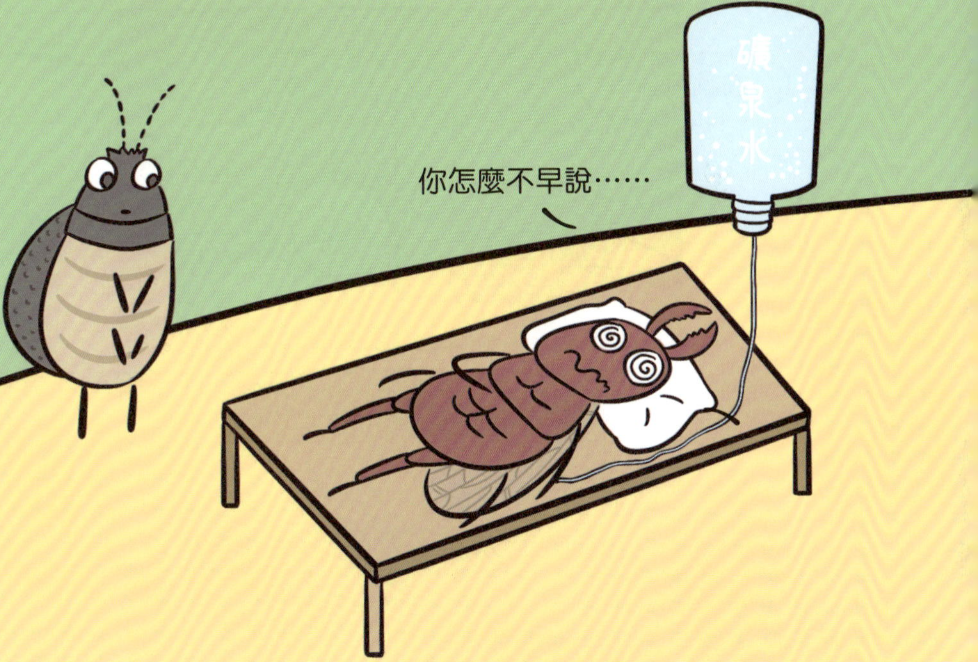

如果你在非洲沙漠看到一隻愛倒立的甲蟲，可別誤會，人家只是在喝水而已。這種昆蟲叫作沐霧甲蟲（一種擬步行蟲），遇到大霧時，會用翅膀攔截霧氣，霧氣聚集在背部凸起的麻點上，形成水滴，然後用倒立的方式把腿當作「導管」，將水滴引到嘴裡。

沉睡搖蚊

如果你是沉睡搖蚊，看到「死而復生」的親人時應該不會太驚訝。在非洲乾旱地區，擁有獨特基因的沉睡搖蚊當體內水分降至 3%，就會進入零代謝的休眠狀態，以此應對脫水的危險。一旦遇到水，就會「復活」。

看來又迷路了。

　　如果你在池塘或湖面上看到「四隻眼」的甲蟲，那很可能是豉甲。看起來有兩對眼睛，其實那是一對被分成上下兩個的複眼。有了這對特殊的複眼，水面上下的情況都能被豉甲盡收眼底，任何美味或敵人都能第一時間注意到。

這是一種視覺嚴重退化但嗅覺靈敏的螞蟻。行軍蟻群會根據帶頭的螞蟻分泌的嗅跡費洛蒙前進，但就像人有時會迷路一樣，帶頭的螞蟻也可能誤判方向，這時整個蟻群就會不停繞圈，直到體力耗盡而死，俗稱「螞蟻死亡漩渦（ant mill）」。

　　頭蝨依附在人類的頭部，以吸食人類頭皮中的血液為生。人類的進化關乎其命運，當人類還長著濃密的體毛時，頭蝨可以在人體四處遷移。隨著人類體毛的退化，頭蝨的棲息地逐漸縮小到只剩下人類的頭部。一般情況下，我們感受不到頭蝨的存在，洗頭時也很容易沖走。頭蝨無法左右自己的命運，只能寄託於人類身體健康，頭髮濃密。

負泥蟲

負泥蟲（一種金花蟲），這個名字源自其幼蟲。不過負泥蟲幼蟲背的可不是泥，而是幼蟲的大便。大便有助於隔離寄生蟲，阻擋太陽照射。既然這樣，背著大便的負泥蟲為什麼不叫「負屎蟲」或「背糞蟲」呢？

沫蟬

「你好，我的嘴在這邊。」

　　別人是口吐白沫，沫蟬若蟲是屁股吐白沫。這些氣泡狀的分泌物會將沫蟬若蟲包裹起來：一來能幫助降溫，保持身體濕潤；二來能避免被天敵發現。因為分泌物很像泡泡，沫蟬若蟲又被稱為「昆蟲界的泡泡機」。如果大家知道這些泡泡是沫蟬若蟲肛門的排泄液體與腹部末節產生的黏液，還會不會玩得這麼開心？

瘤蛾

您好，我想買帽子。

這頂怎麼樣？

太大了。

這頂呢？

還是太大了。

這頂總不會太大了吧？

我要那頂最小的。

別鬧了，這麼小你怎麼戴呀？

如果你看到多頭的昆蟲，先不要慌張，這些並非真的頭，而是瘤（ㄌㄧㄡˊ）蛾幼蟲蛻皮時遺留下的頭殼。瘤蛾把這些頭殼從小到大排列好疊在頭上，讓自己看起來更高大，以達到迷惑敵人的效果。

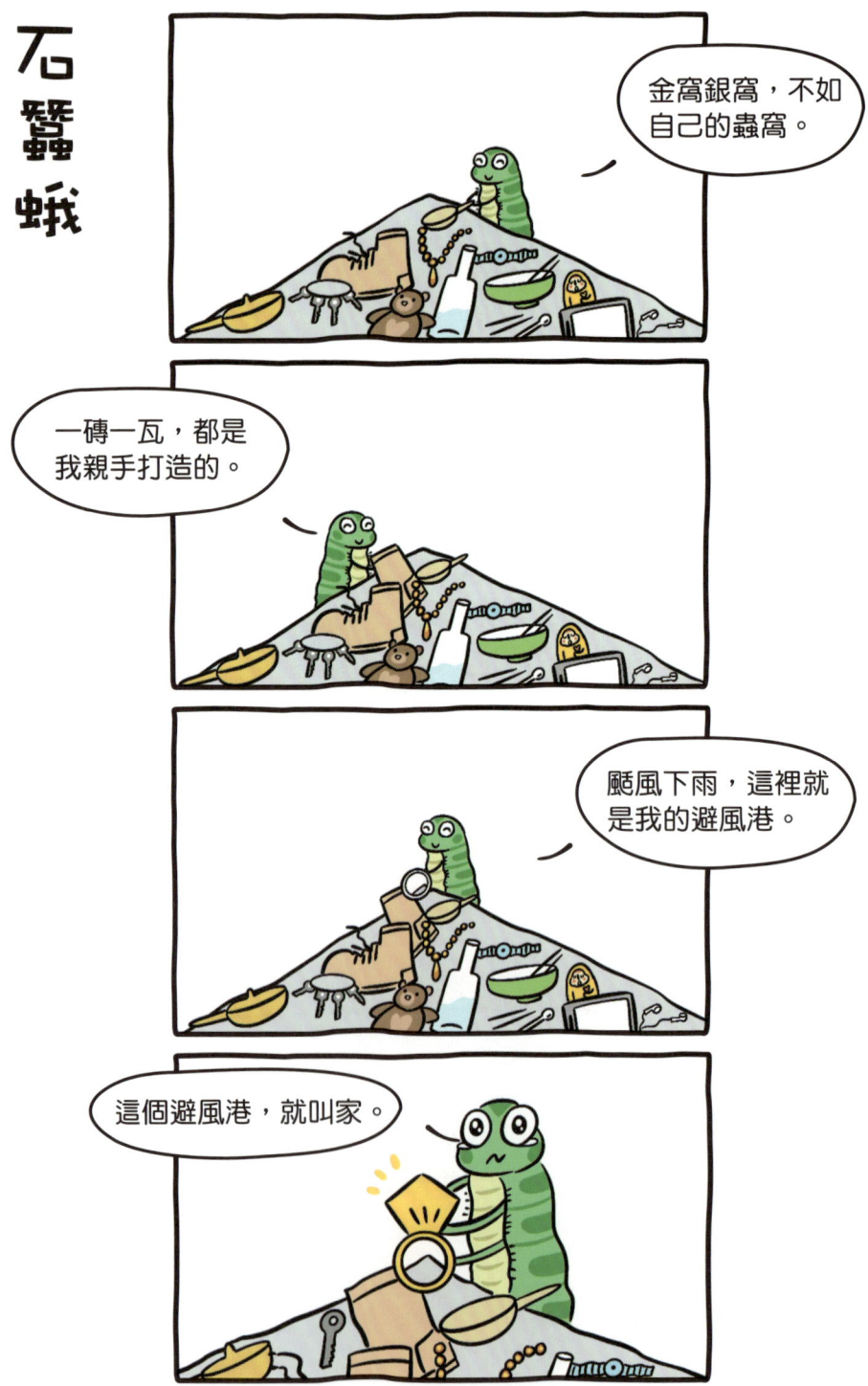

> 不好意思哈……
>
> 湯匙還我！
>
> 還有我的奶嘴！
>
> 我的鐵鍋！

斷捨離

　　石蠶蛾幼蟲有「戀物癖」，牠的家就是由各種雜物堆成的，葉片、蘆葦殘屑、金屬……總之五花八門。石蠶蛾幼蟲會用唾液當膠水，將各種材料黏起來，一個風格獨特的家就建造完成了。不過，在提倡極簡生活的現代，石蠶蛾幼蟲或許也可以試試斷捨離。

29

蟑螂

小豆設計公司

我們公司擅長多種裝修風格。

北歐風。

宮廷風。

還有……

小豆設計公司

不用費心想風格，在牆上塗滿我們的糞便就可以了。

*此圖為蠼螋，又稱剪刀蟲。

　　人類習慣把糞便和髒、臭聯想在一起，蠼螋（ㄐㄩㄝˊㄙㄡ）可不同意這種說法。蠼螋不但不覺得自己的糞便不乾淨，還會把糞便抹得家裡到處都是。這樣做可不是為了惡作劇，而是因為其糞便裡含有抗真菌的物質，有抗菌消毒的作用，是廢物利用的典範。

貓毛蟲

我既不塗屎，也不吃屎。

我噴屎！

不但精準噴射，而且距離可以達到我們體長的 40 倍！

你看，就像這樣。

誰啊？！把屎都噴到我家來了！

　　隨地大小便不但會招來寄生蟲，還容易招來嗅覺靈敏的敵人。貓毛蟲幼蟲很清楚這個道理，於是練就一項技能——噴屎，像噴射子彈一樣把屎噴到很遠的地方，這樣就能和寄生蟲、天敵說再見了。

中國巨竹節蟲

砰！
1 2 3

第一名是我！

休想！

非我莫屬！

不可能！

比賽結束！

目前人類已知的昆蟲有 100 多萬種，任何昆蟲想要申報金氏世界紀錄更是難上加難，不過中國巨竹節蟲打破了金氏世界紀錄，其最長可達 62.4 公分，相當於一個成年女性手臂的長度。看到中國巨竹節蟲，我腦海裡只有一個想法：長長長長長長長……有夠長。

姬蜂

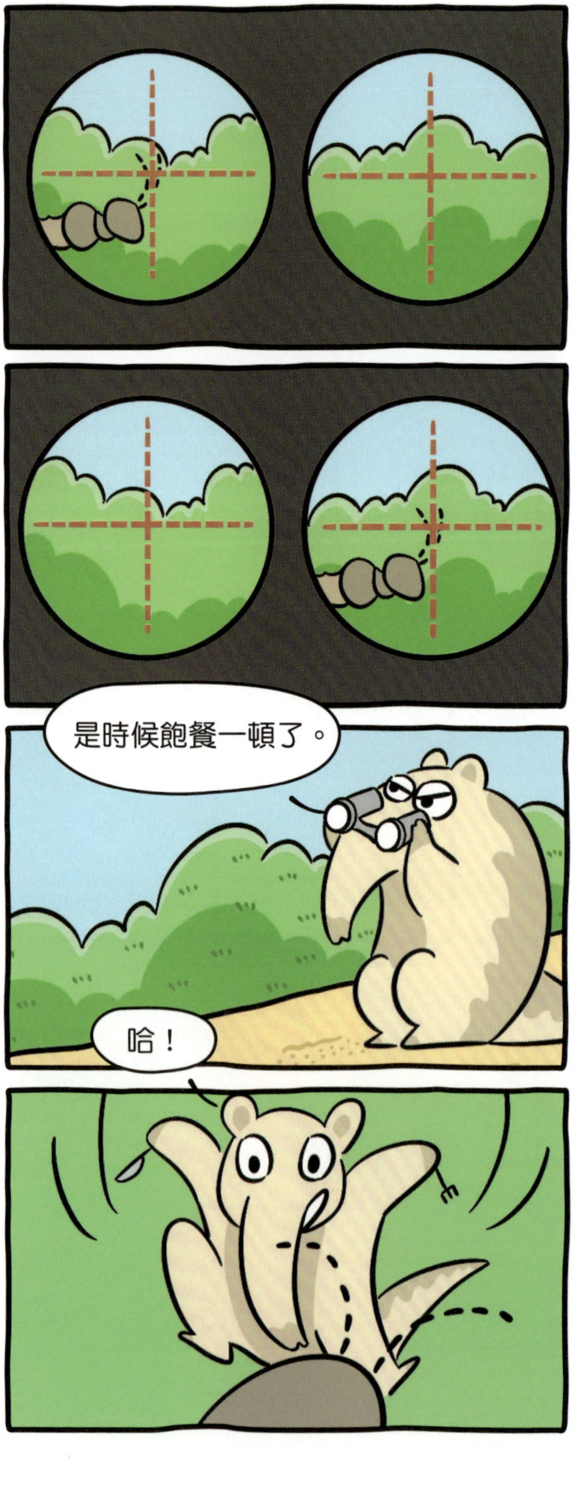

姬蜂要讓食蟻獸失望了，這個看似螞蟻頭的部位其實是產卵器。曾有研究人員發現一隻有著形似螞蟻頭器官的雌蜂，不過被發現時已經死了，因此研究人員無法判斷這個「螞蟻頭」是某些雌蜂的共同特徵，還是僅僅是個案。

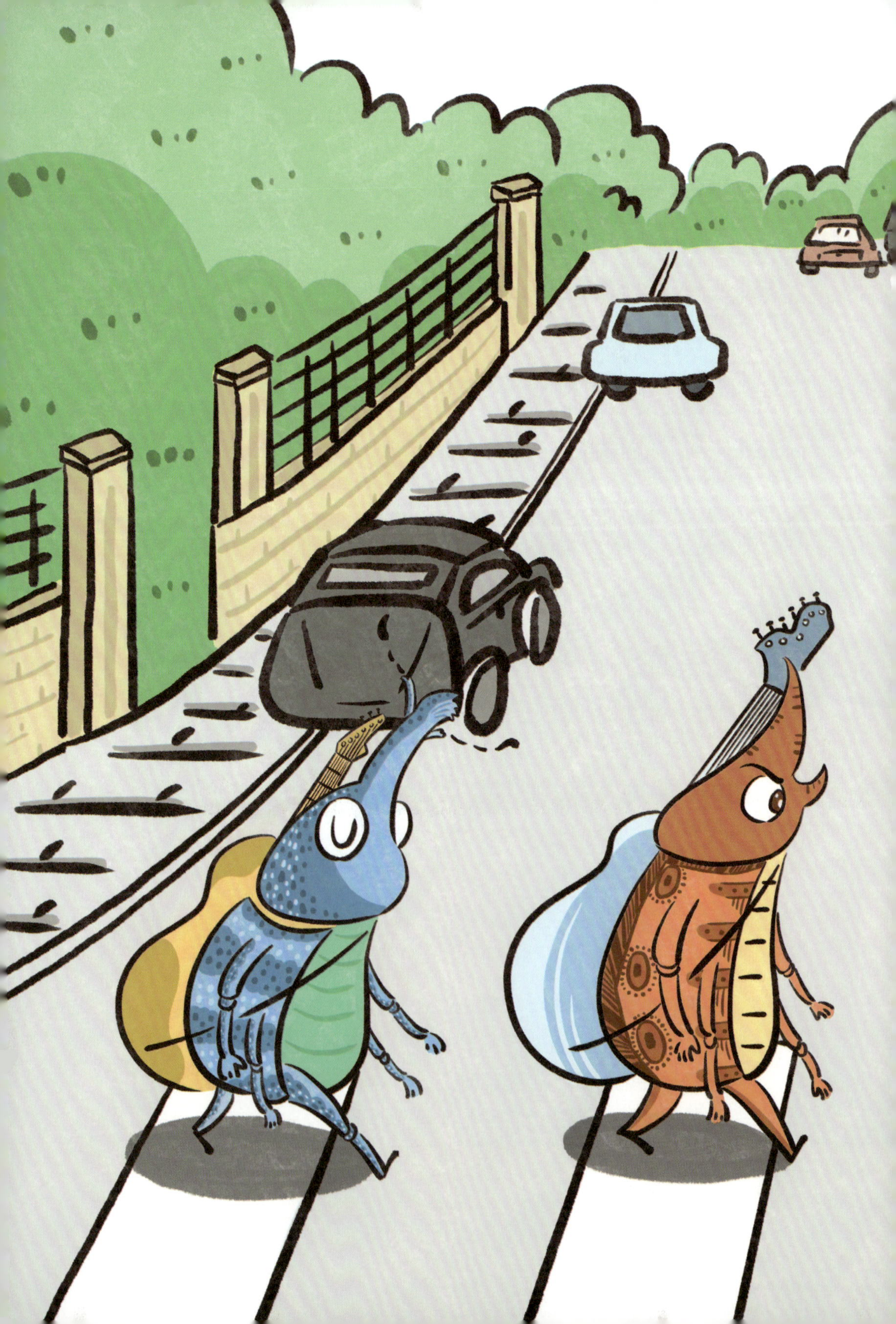

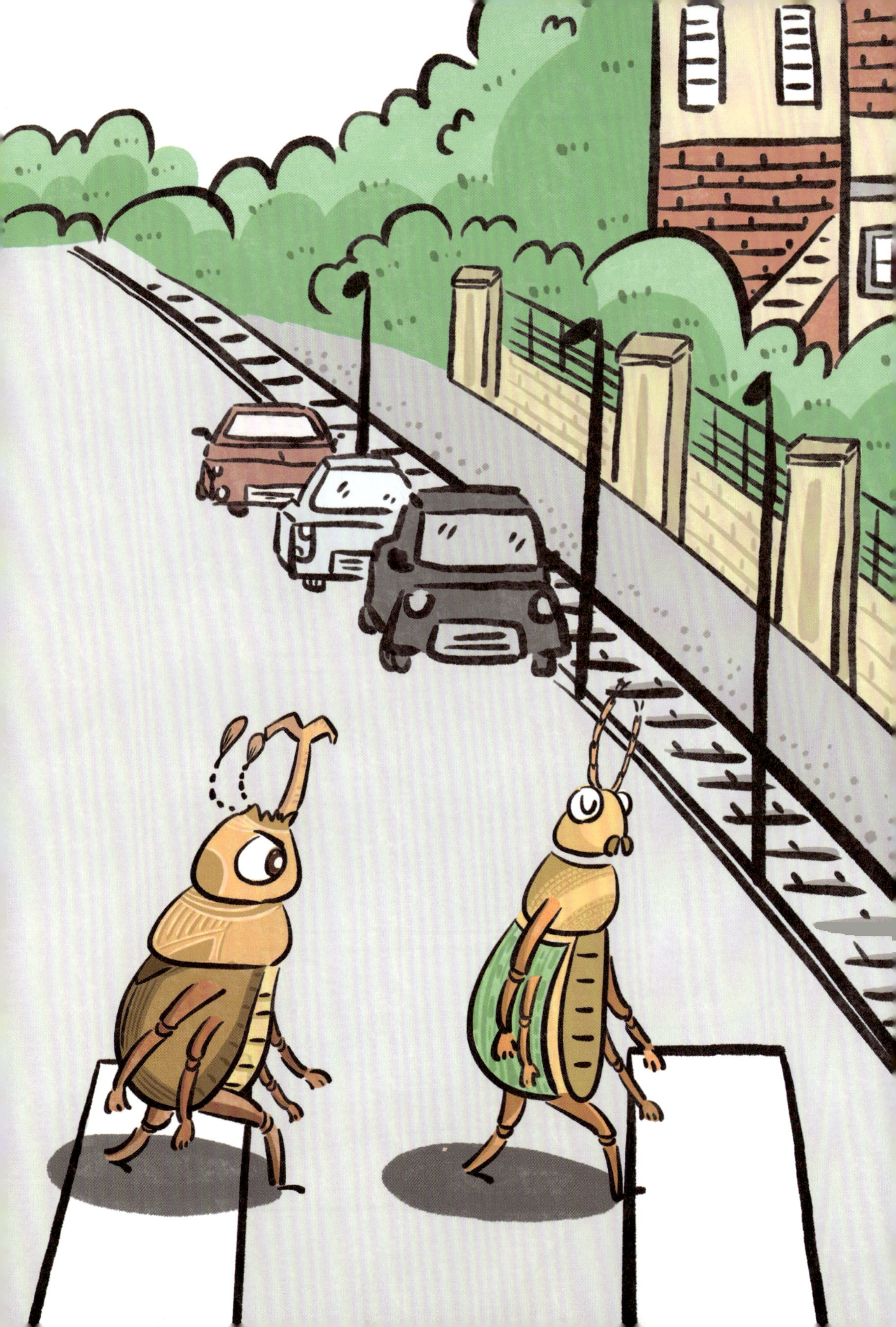

叩頭蟲

別看我現在人仰馬翻的，我前胸有特殊機關，隨時可以彈起來。

我彈！

我彈！

彈！ 彈！ 彈！

只要我想，任何地方我都可以彈彈彈。

欸，怎麼這麼燙？

當叩頭蟲四腳朝天時，會像做仰臥起坐一樣捲腹、彈跳。這是因為叩頭蟲的前胸上有一根棒狀突起物，正好可以插入中胸的凹槽裡，形成靈活的彈跳機關。叩頭蟲常被孩子們抓來當寵物，孩子們讚嘆叩頭蟲靈巧的跳躍本領，卻不知道那是掙扎逃生的表現。寫到這裡，我要對曾經被我抓住的那些叩頭蟲說聲對不起。

獨角仙

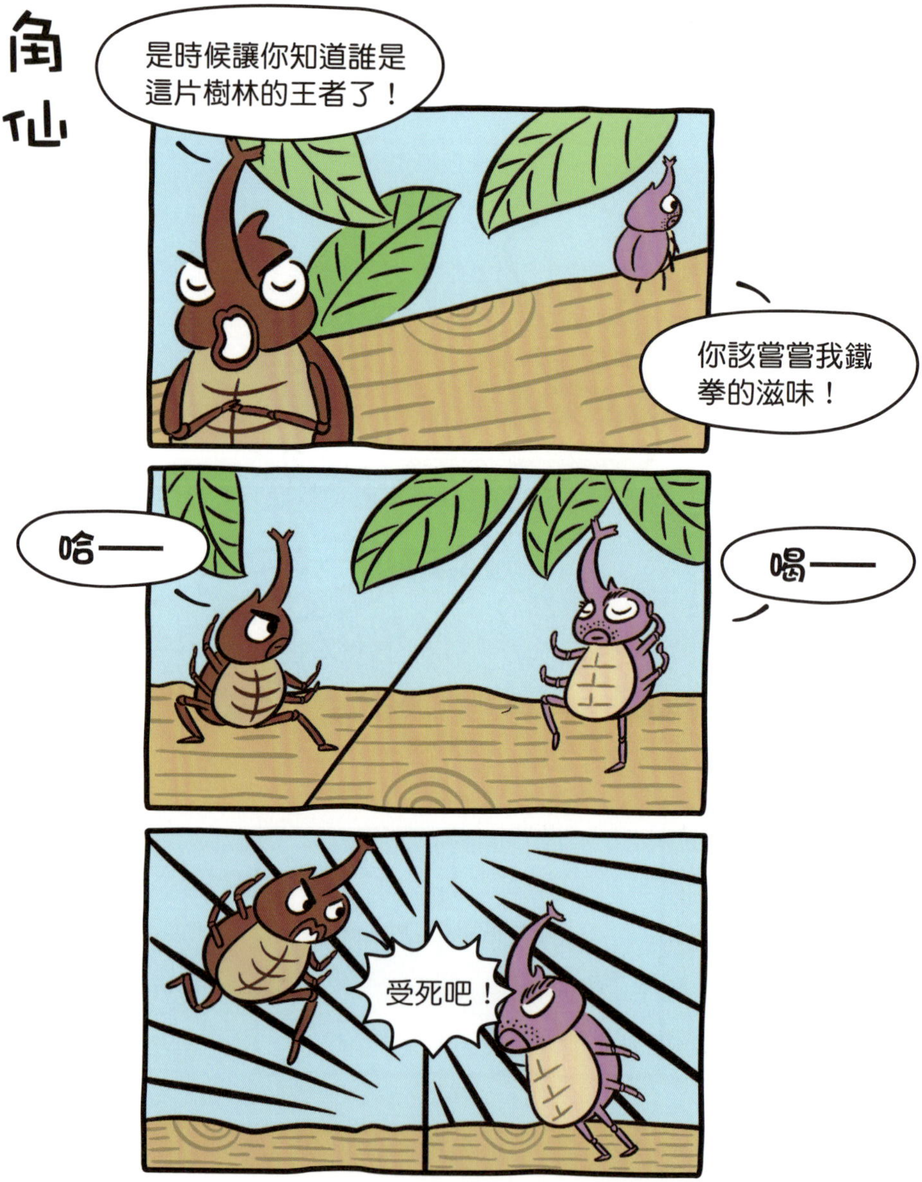

哼，你打不到我！　　你也一樣啊！

　　獨角仙頭上長著粗長的角，那可不是拿來裝飾的，是雄性獨角仙鬥爭、求偶的重要「工具」，角的大小通常和體形成正比。在打鬥前，獨角仙會透過感受對方角的大小來判斷彼此的實力。因此，當衝突爆發時，或許還未正式交鋒，其中一方便已選擇撤退。

鼠尾蛆

喂,是119嗎?我喘不過氣,無法呼吸……

你還好嗎?撐住呀!

吸——

吹——

醫生,我不是用嘴呼吸的……

那你是……

靠屁股呼吸的。

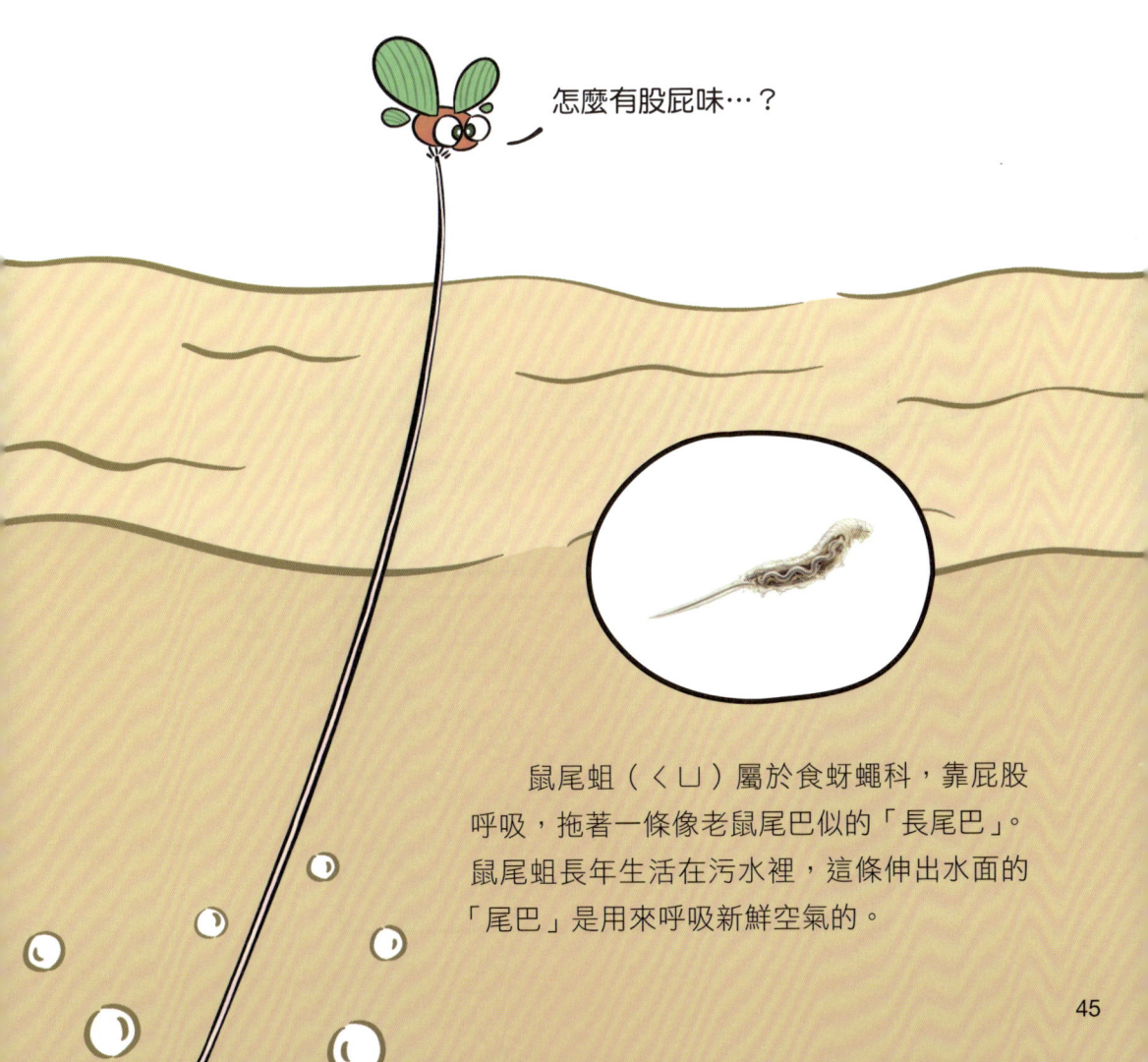

怎麼有股屁味…？

鼠尾蛆（ㄑㄩ）屬於食蚜蠅科，靠屁股呼吸，拖著一條像老鼠尾巴似的「長尾巴」。鼠尾蛆長年生活在污水裡，這條伸出水面的「尾巴」是用來呼吸新鮮空氣的。

糞金龜 1

月亮你快出來呀,我想快點回家。

哦。

跟著月光導航,我就能沿最短的路線回家了。

好睏……

啊，月亮呢？

還有多久才能到家呀？！

　　今晚月色皎潔，千萬不可辜負。你看，糞金龜就趁著月夜推糞球去了。糞金龜能利用月球的偏振光來導航，以此判斷方向，並沿著最短的路線將糞球推回家。不過在沒有月亮的夜晚，糞球推到哪裡就只能看運氣了。

羽蝨

啊

啊

叫你搬到頭頂你不聽，天天東躲西藏的。

好吧。

啊！

好久不見！

　　羽蝨（ㄕ）是一種寄生在鳥身上的蝨子。同樣是蝨子，同樣寄生在鳥的身上，居住的位置不同，際遇也大不相同。由於鳥無法啄到自己的頭，住在鳥頭上的羽蝨往往生活得更悠閒，身體粗壯短肥；而生活在鳥背、翅膀等地方的羽蝨，則不得不頻繁地東奔西跑，身體也更加細長。真是同為羽蝨不同命啊！

象鼻蟲

開拍!

昆蟲的100種死法

間諜片

就這樣死了嗎?

古裝片

就這樣死了嗎?

愛情片

就這樣死了嗎?

昆蟲的100種死法

蟲蟲奧斯卡最佳死亡角色獎

在昆蟲界，蟲蟲的生死有時就在那一瞬間，如果鬥不過對手，不如試試裝死。象鼻蟲是昆蟲界「裝死影帝」之一，陷入險境時，會六足蜷縮，靜止不動，讓那些喜歡取食新鮮獵物的天敵失去興趣。象鼻蟲還會直線下墜，如果運氣夠好，掉到茂密的植物叢中，敵人搜尋起來就會很麻煩。「你可以吃我，但我不會讓你得來全不費功夫。」可能是象鼻蟲的想法。

蒼蠅 1

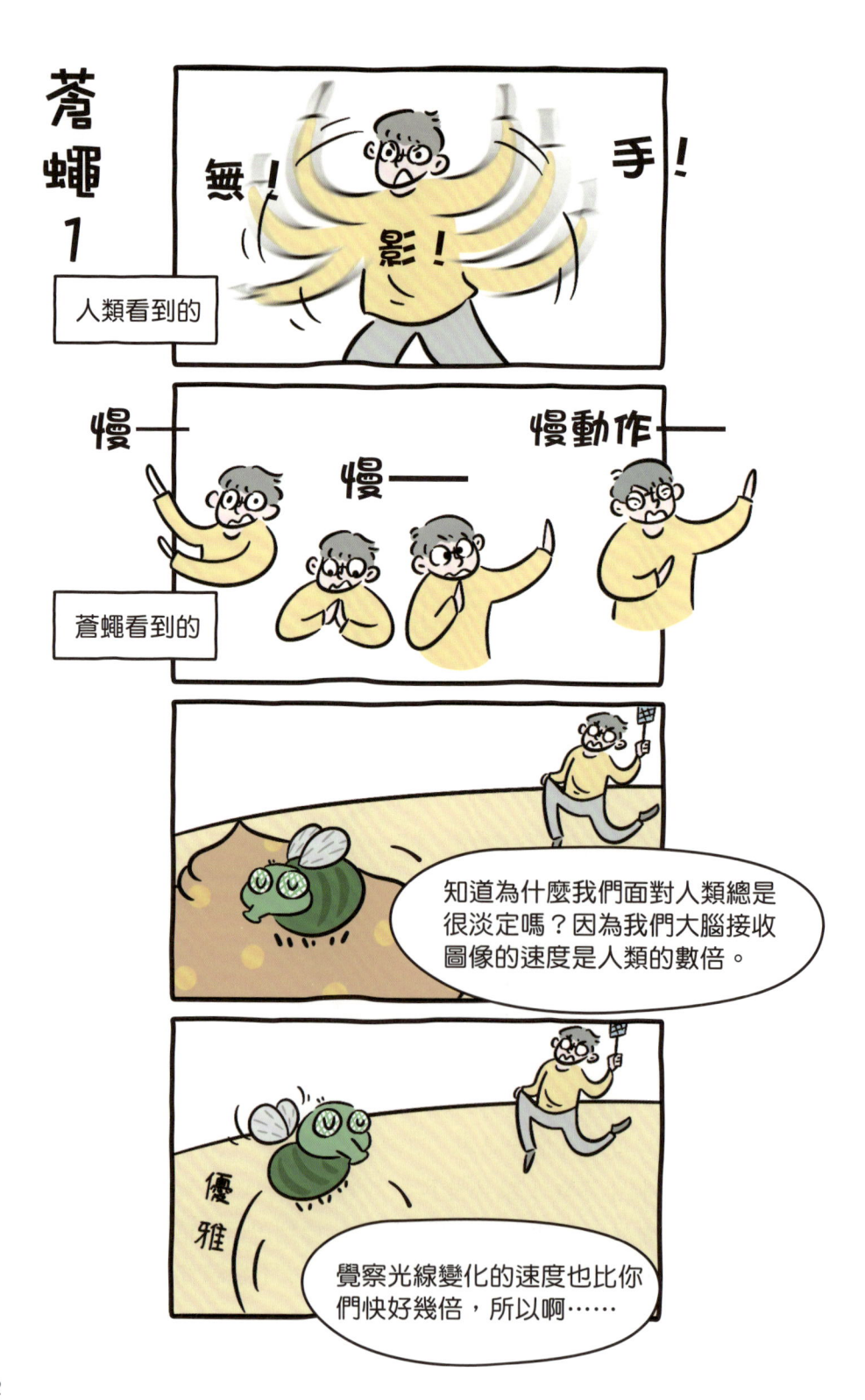

人類看到的

無！影！手！

蒼蠅看到的

慢—— 慢—— 慢動作——

知道為什麼我們面對人類總是很淡定嗎？因為我們大腦接收圖像的速度是人類的數倍。

優雅

覺察光線變化的速度也比你們快好幾倍，所以啊……

你有沒有因為打不到蒼蠅而沮喪的經驗呢？那是因為蒼蠅的複眼由數千個小眼構成，其大腦接收圖像的速度是人類的數倍。簡單來說，在人類眼裡很快的速度，在蒼蠅看來就是慢動作。真想知道蒼蠅看「閃電俠」跑步是什麼畫面。

蒼蠅2

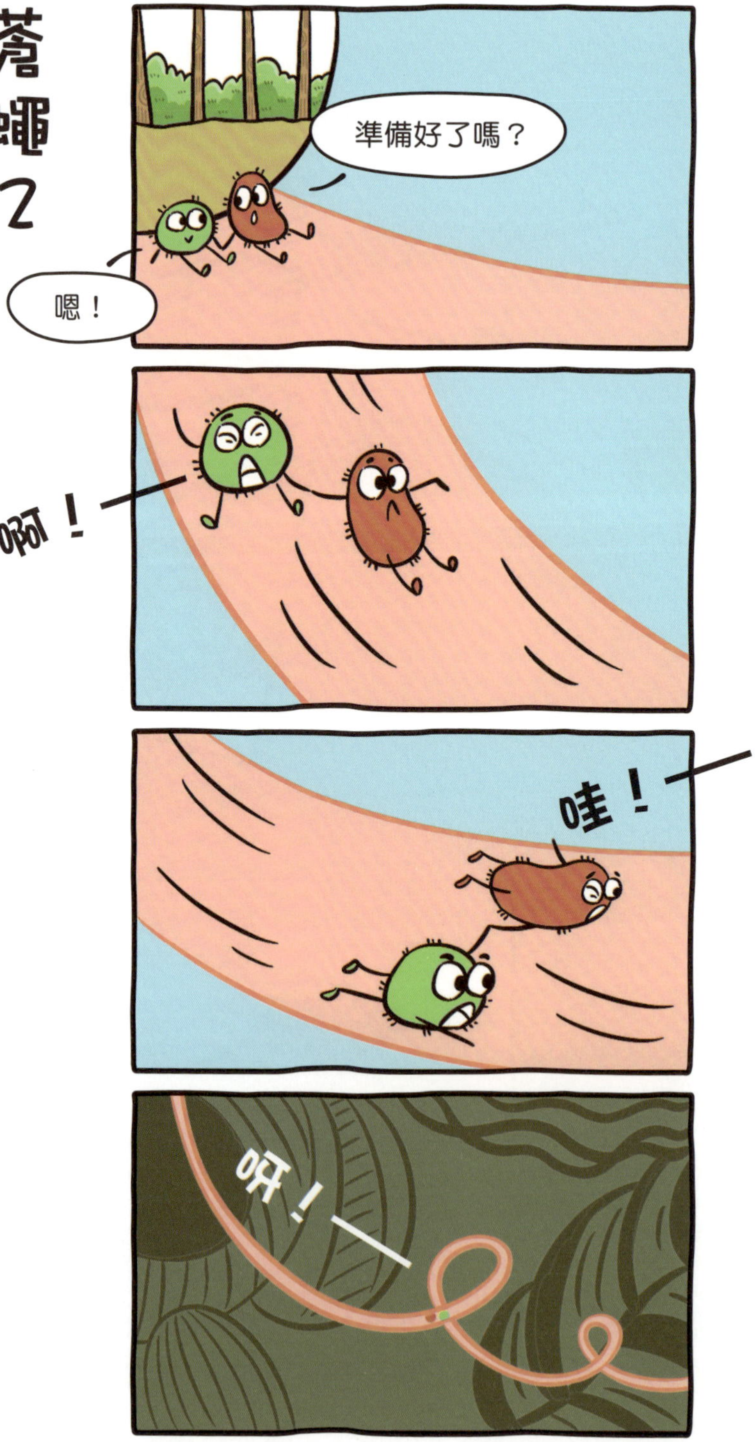

只要排便速度夠快,死神就追不上你。對此,蒼蠅是最佳代言人。一般來說,哺乳動物從進食到排便,短則需要幾十分鐘,長則需要幾小時,而蒼蠅只需要 7～11 秒。病菌進入蒼蠅體內,還沒開始繁殖就被排出體外了。光排便快還不夠,蒼蠅有強大的免疫系統,體內產生的球蛋白會像導彈一樣精準地「轟炸」病菌。所以,這就是為什麼蒼蠅的生命力如此頑強了。

趁著嘴還在，
快說我愛你

蒼蠅3

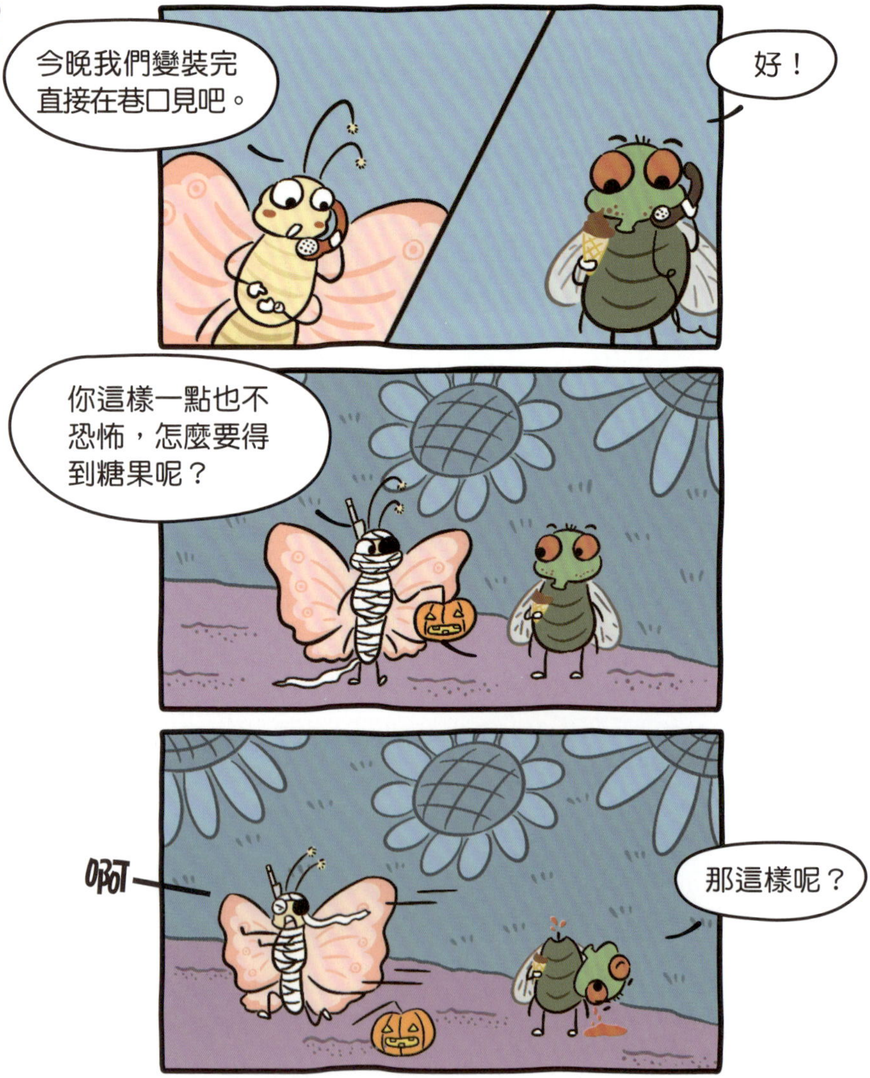

「無頭蒼蠅」常被用來比喻人沒有目標方向盲目亂闖，實際上斷頭的蒼蠅是非常鎮定的。首先，蒼蠅的血液不僅在心臟和血管裡流動，還能流進細胞間，即使頭斷了，身上依然保留著大量血液，不會像人類那樣噴血而亡。其次，蒼蠅的神經中樞分布在胸、腹等多處，沒有頭，軀幹仍然可以在神經中樞的支配下照常活動。斷頭的蒼蠅不會立馬死去，但頭斷了就無法進食，所以蒼蠅是被活活餓死的。

豆芫青

嗨！

嗨！

嗯？嗨……

嗨！

嗨！

請問……我認識你嗎？

我只是換了幾件衣服,你就不認得我了?

有些蟲的一生是以不變應萬變，有些蟲的一生可是超級變變變，說的正是豆芫（ㄩㄢˊ）青。牠的一生從破卵而出到羽化為成蟲要經歷 7 次蛻皮，而且每次蛻皮後的樣子都與之前「判若兩蟲」。

那是我蛻皮前的樣子。

姓名：豆芫青
出生：2019 年 7 月 20 日
身分證號碼：
　　A30602019720

你怎麼和身分證照片上長得不一樣？

61

蜻蜓

考 試

擁有 5 萬多隻眼睛究竟是什麼樣的視野呢？問問蜻蜓就知道了。這種由眾多小眼組成的感知器官被稱為複眼，每隻小眼都是一架「小型照相機」。想要擁有超廣角的觀看視野嗎？要當蜻蜓才有辦法喔。

棕長頸捲葉象鼻蟲

嗨,大家有看到我的朋友嗎?

脖子長長的,

深棕色的皮膚,棕色的斑點。

噓…我躲在這裡。

明年不幫你織圍巾了，浪費毛線。

雄性棕長頸捲葉象鼻蟲堪稱「昆蟲界的長頸鹿」。實際上昆蟲沒有所謂的脖子，那個看起來像脖子的部位是棕長頸捲葉象鼻蟲身體延伸的結構。「脖子」的長短是雄性棕長頸捲葉象鼻蟲力量的表現，「脖子」越長越容易在鬥爭中獲勝，也越容易得到異性的青睞。

埋葬蟲和蟎蟲

> 別怕,埋葬蟲是載我們去野餐的順風車啦。

覓食如此艱難,要是有順風車搭就好了,這也許就是蟎(ㄇㄢˇ)蟲的心聲。蟎蟲不會飛,走路慢吞吞的,想找食物很不容易。遇到隱翅蟲科這些「免費的順風車」昆蟲,蟎蟲立刻往上一趴,隨走隨停,省力又方便!

*此圖為埋葬蟲

鹿角實蠅

多澆點水,樹苗就能快快長成大樹了吧?

對呀。

糟糕,作業好像還沒寫完。

那明天我們再來幫樹苗澆水吧。

你們是該結束了。

哈啾——

鹿角實蠅可不是鹿和昆蟲的結合體，其只是一種長有形似鹿角結構的蠅類，且只有雄蠅有角。雄蠅的戰鬥力和角的粗細、長短成正比，這也難怪雌蠅在擇偶時要「以角取蠅」了。

紅袖飛蝨

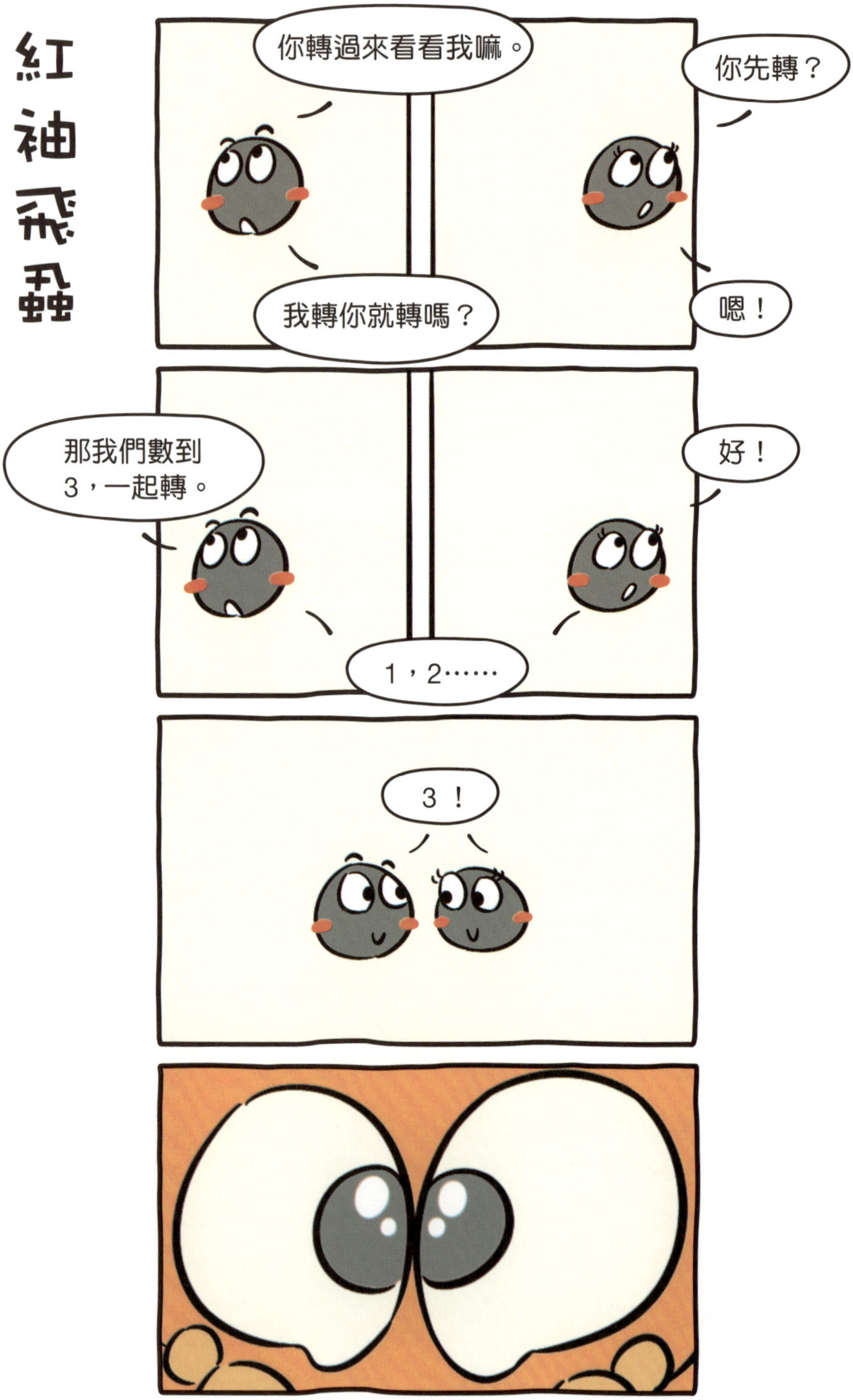

這就是我鬥雞眼的原因。

我才不相信呢!

你見過鬥雞眼的昆蟲嗎?紅袖飛蝨就是這種逗趣的昆蟲。不過牠並不是真的鬥雞眼,而是因為單眼位於複眼前方,所以造成鬥雞眼的錯覺。雖然鬥雞眼是假,逗趣感卻是真的。

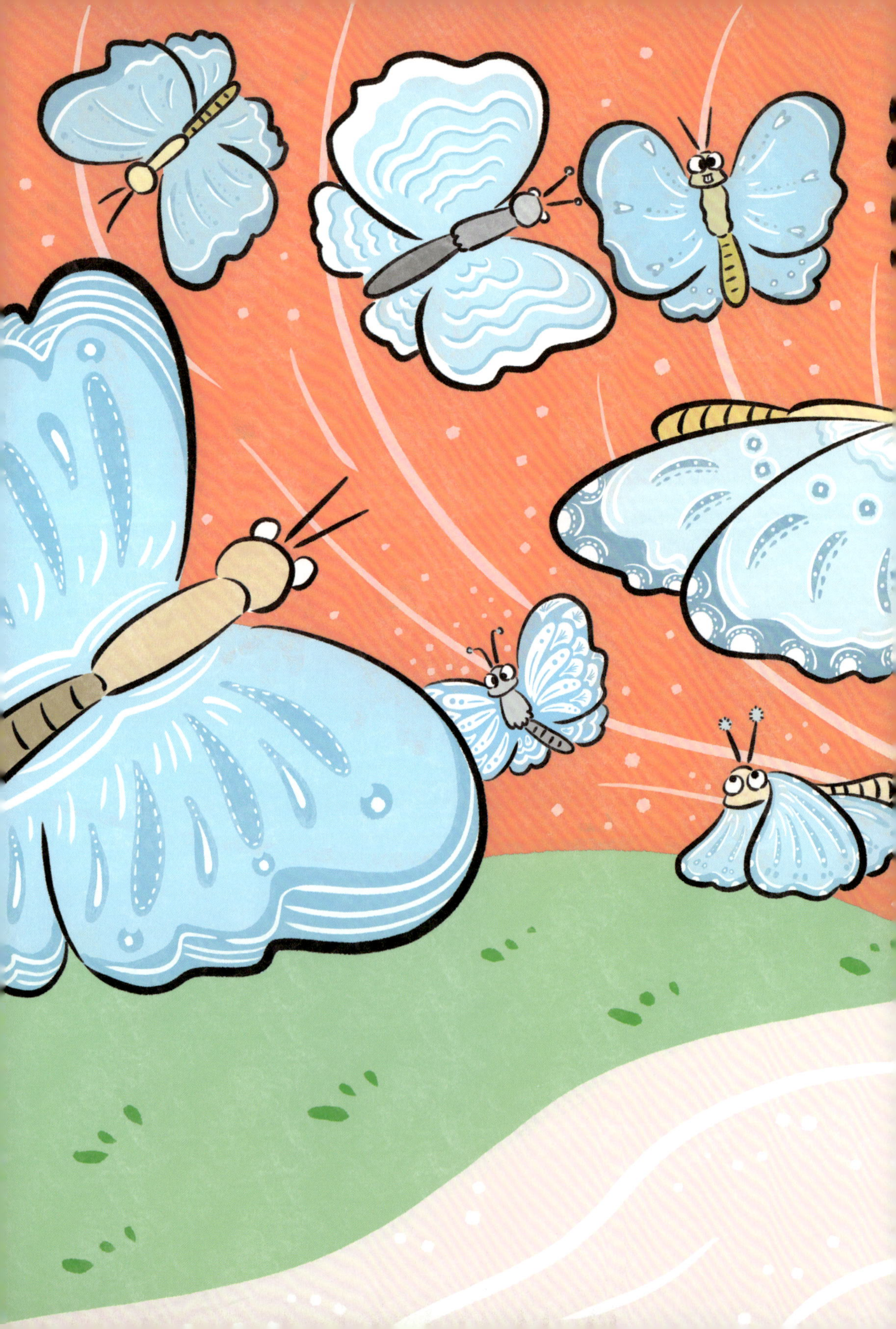

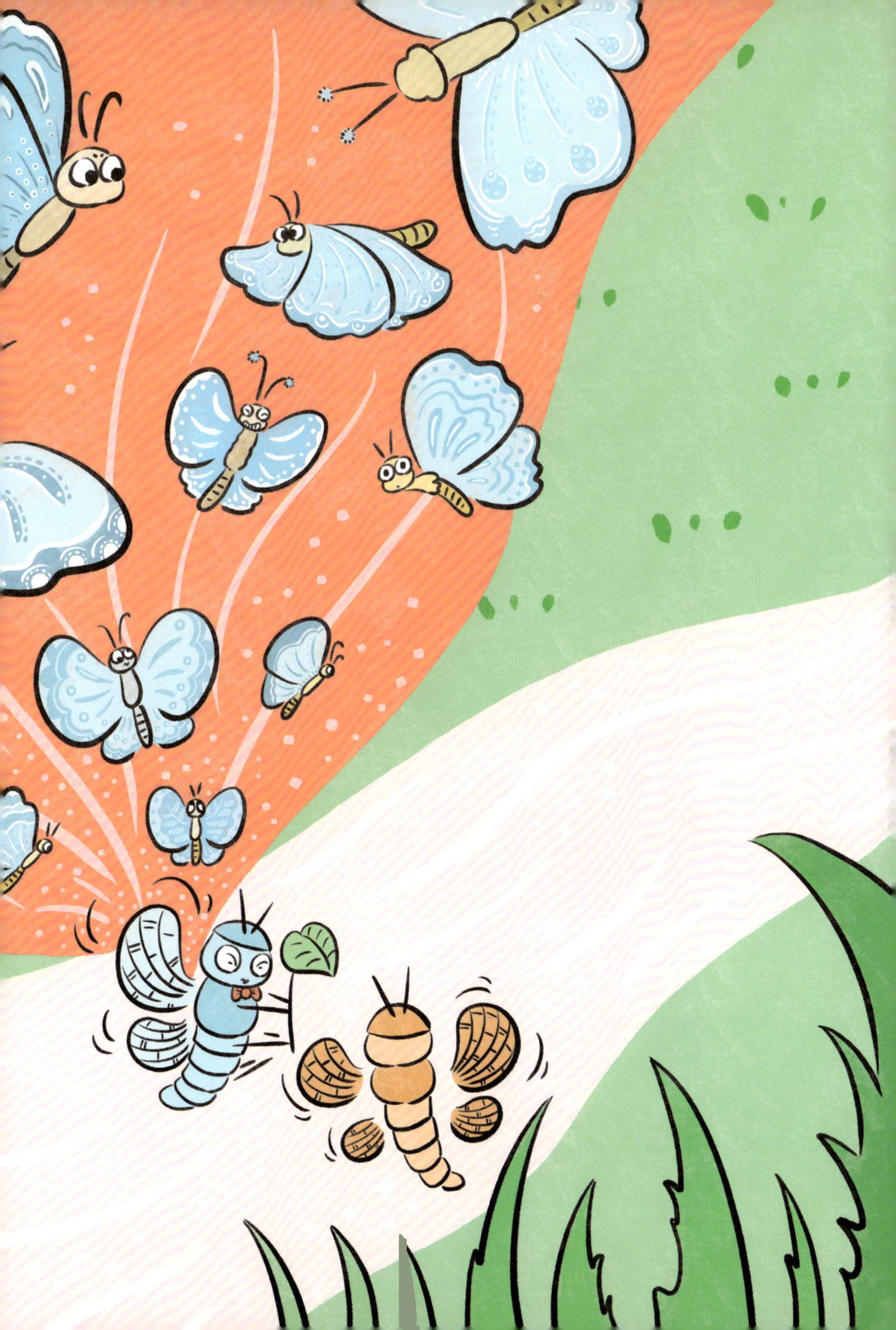

長喙天蛾

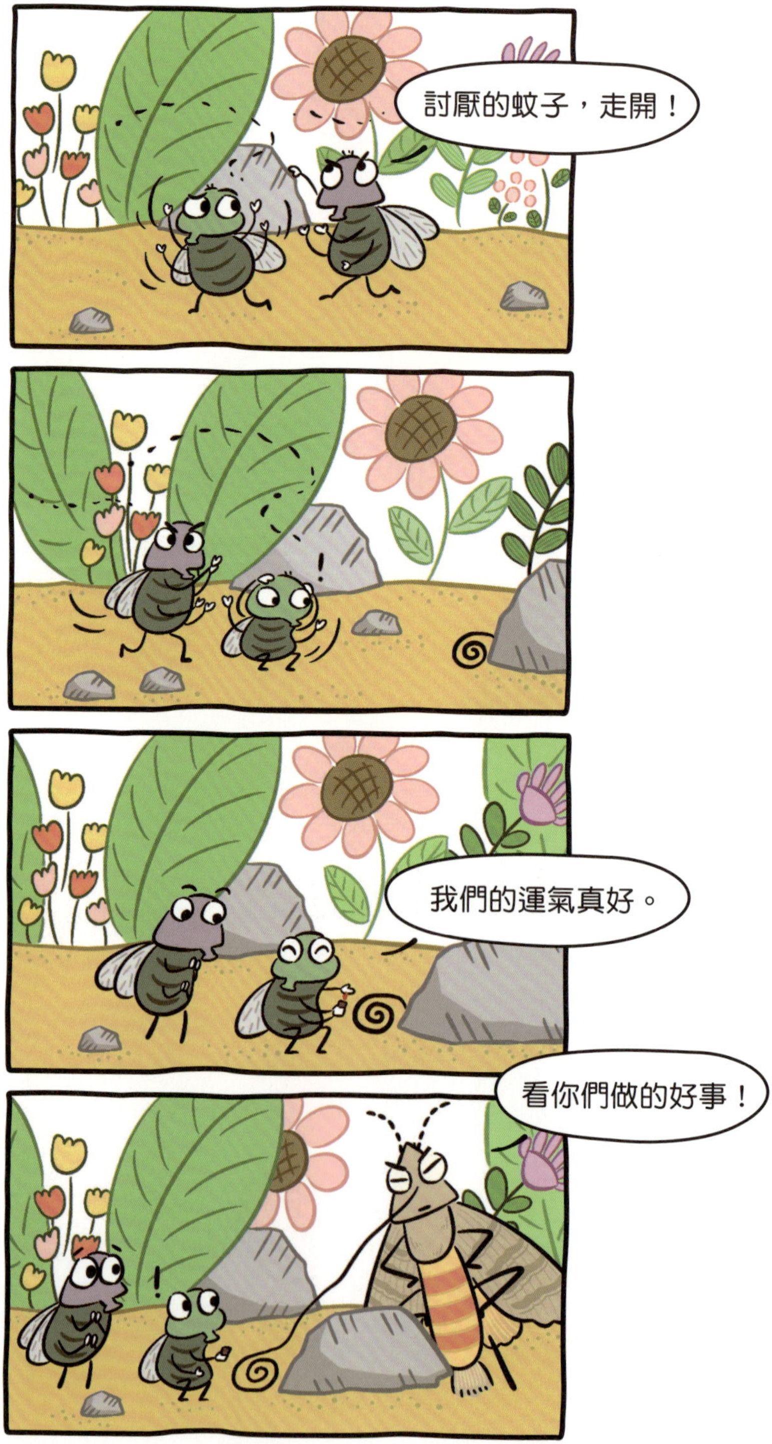

好厲害蚊香

長喙就是長長的嘴，長喙天蛾蟲如其名，有著 20～35 公分長的嘴，是目前世界上已知的喙最長的昆蟲。不過，其喙只在吸食花蜜時展開，平時都會捲成類似蚊香的樣子，一來方便飛行，二來避免長喙被天敵抓住。

長臂天牛

啊,又沒射中!

0分

哇!

其實也沒那麼難。

　　長臂天牛是「手臂」特別長的天牛。雄蟲的前足長度是其身長的2～2.5倍，前足的長短決定了攀爬的速度和高度，也決定了是否能夠得到心儀異性的喜愛。

77

鎧蠅

以下哪隻昆蟲是鎧蠅？請作答。

鎧（ㄎㄞˇ）蠅，很像甲蟲的蠅類。如果仔細觀察以下幾點，就不難區別：蠅類有一對用來飛行的翅，甲蟲有兩對；蠅類的口器像吸管，稱作舐吸式口器，甲蟲的為咀嚼式口器；蠅類觸角為芒狀，甲蟲觸角不是芒狀。現在來試試看，你能從上圖中找出鎧蠅嗎？

17年蟬（週期蟬）

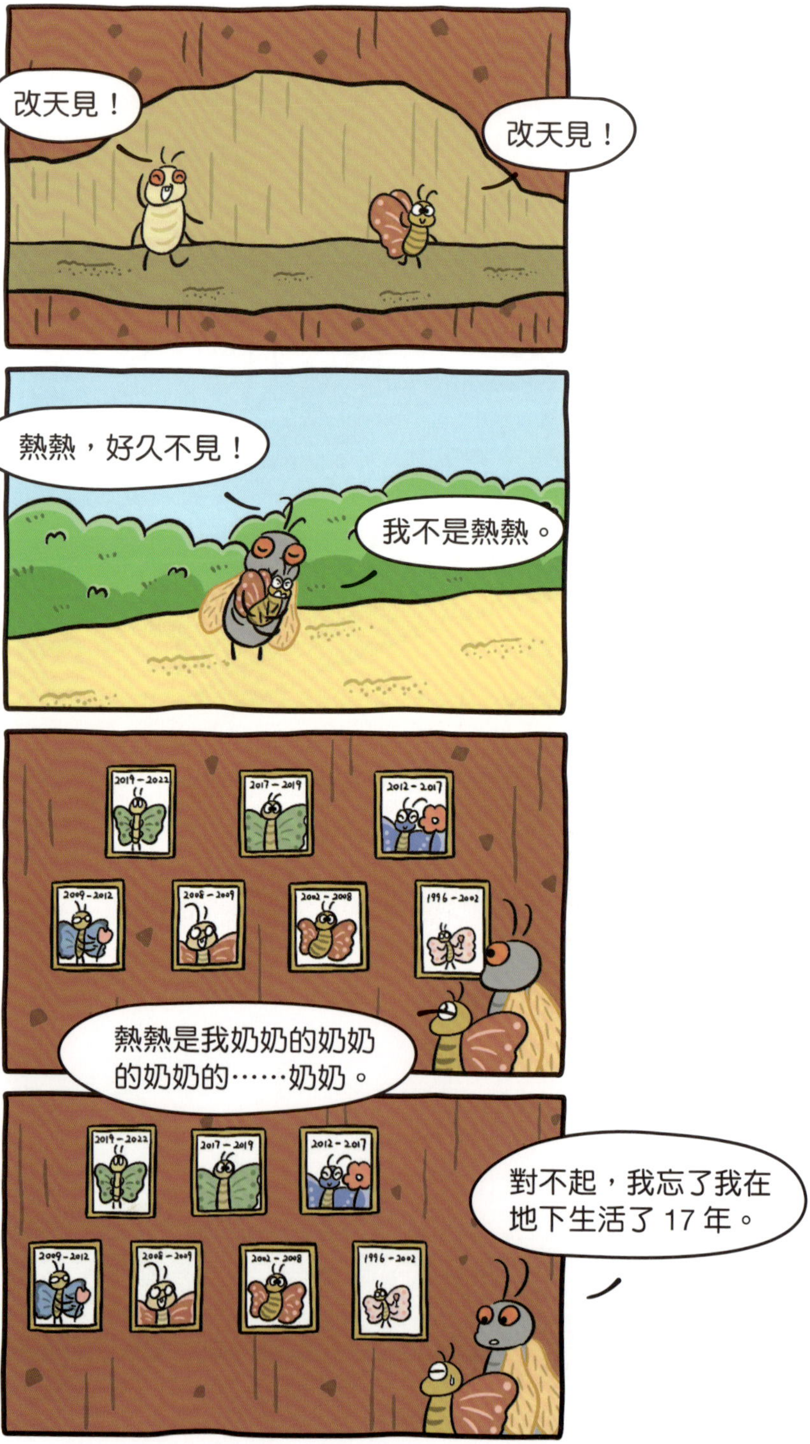

和只能活幾天的昆蟲相比，17年蟬多了好幾千倍的蟲生，其長壽的祕訣之一就是長年待在地下。17年蟬幼蟲自孵化後就鑽入地下，因此避開了鳥類等天敵，靠著吸食樹根的汁液為生。在孵化後的第17年後破土而出，羽化、交配、產卵、死亡，在4至6週內完成這一系列生命歷程。地下十幾年，地上幾星期，一地之隔，17年蟬面臨的是完全不同的命運。

註：依照生命週期長短不同，還有一種13年蟬。

6日 ☀ 晴

成長日記 ♡

一隻蟬如何優雅地老去

81

舞虻

美麗的女孩,請嫁給我吧!

你是在耍我嗎?

這是我的愛,你看不到,但可以感受得到。

……

送禮物可不是人類獨有的行為。求偶時，雄舞虻（ㄇㄥˊ）會把捉到的昆蟲獻給雌舞虻，還會用泡沫一樣的分泌物精心包裝禮物。在此提醒一下雌舞虻，收禮時千萬要注意，別被一些心術不正的雄舞虻用「空盒子」欺騙了感情。

真愛無價

* 此為示意圖，照片中的昆蟲非舞虻。

83

蜻蛉

妳……妳的美,照亮了我無聊的生活。

妳那絲帶般柔順的後翅,解開了我冰封的心。

請和我交往吧,拜託了!

你好,我是男的。

嗨！

旌蛉（ㄐㄧㄥ ㄌㄧㄥˊ）是一種背影和正面反差很大的昆蟲。無論雌雄，都有絲帶狀的尾巴，從背面看迎風飄舞，仙氣十足。當旌蛉轉過身時，可以看到一張大鴨嘴，也因此得名「鴨嘴小仙女」。

划蟪

多麼美好的琴聲,演奏者一定很優雅。

別再拉你的「小鳥」了,洗洗手吃飯。

來了!

划蝽是昆蟲界的「小提琴家」，只不過牠的樂器比較特殊，是自己的外生殖器。雄性划蝽用外生殖器摩擦腹部，就像拉小提琴一樣，吸引異性的注意，將早春的池塘彈奏成愛樂之池。

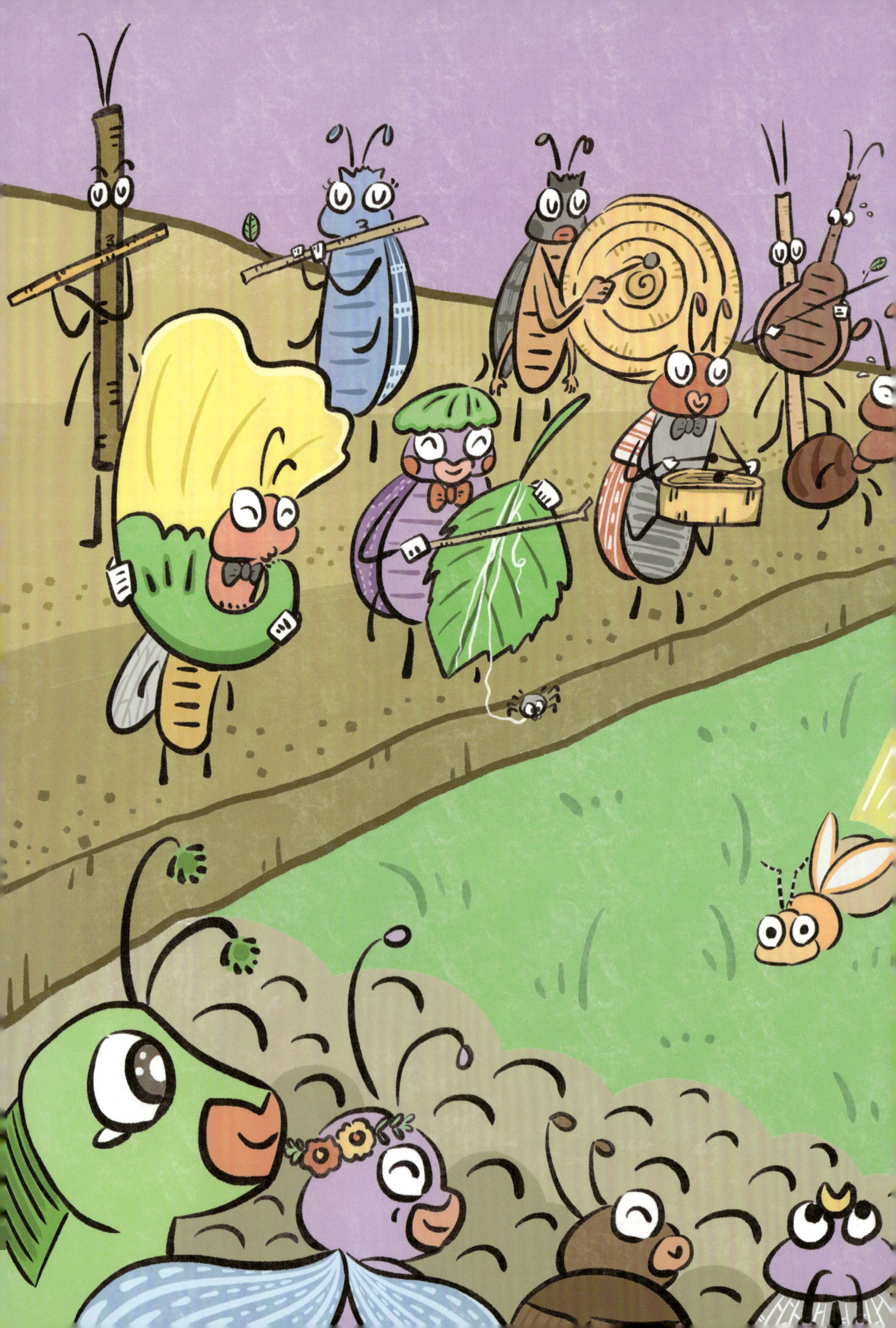

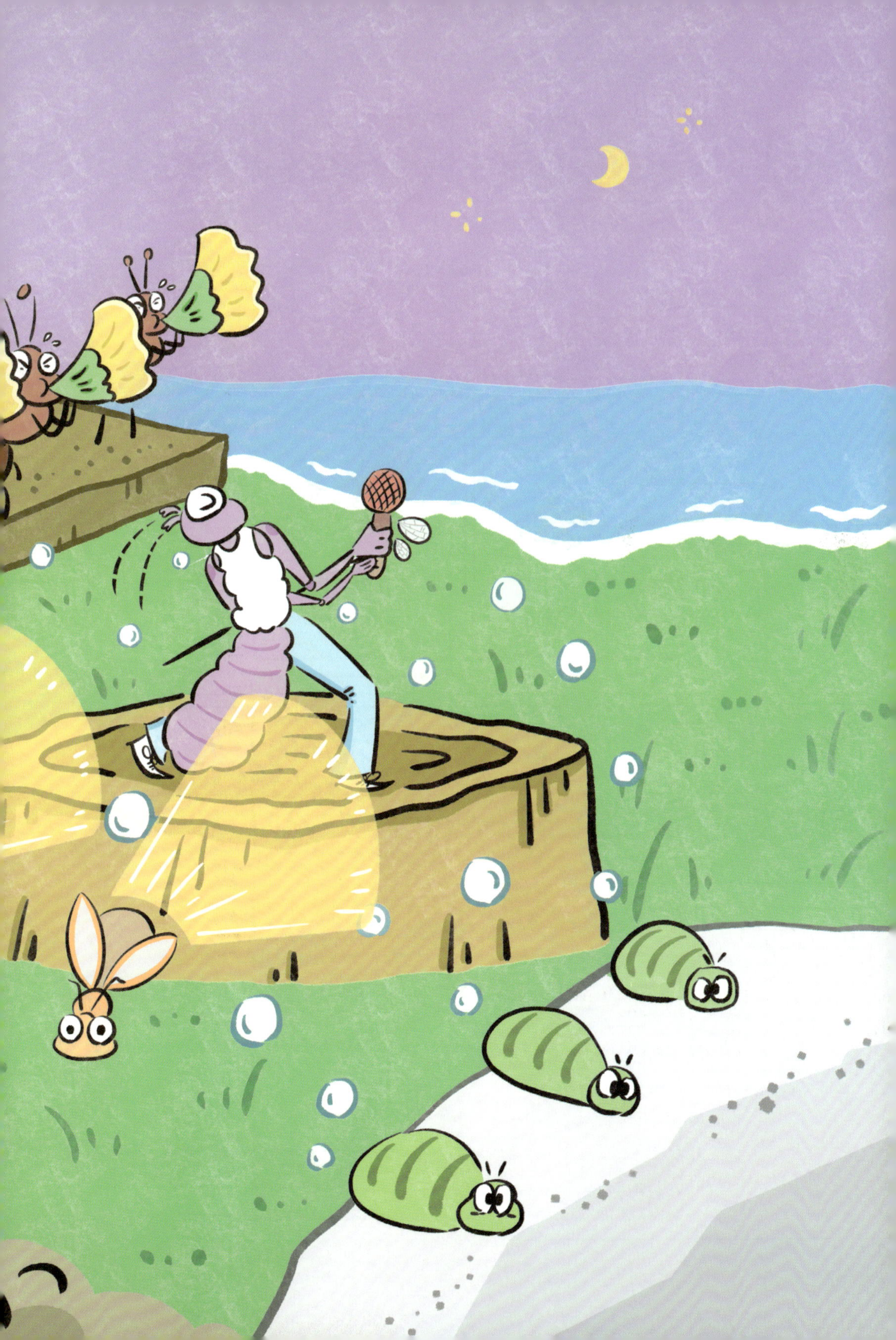

小灰蝶

……

小蝶，有些話我一直想跟你說。

我……我真的、真的……很喜歡你！

……

他怎麼了？

還不是因為……

又喝多了。

「雙頭」的蝴蝶嚇不嚇人？別緊張，其實這裡只有一個是真頭，另外一個是位於後翅內角、很像頭的斑紋。在遇到危險的時候，小灰蝶的雙頭具有迷惑敵人的作用。

葉蟲

欸,你怎麼在這裡啊?

這樣都被你認出來。

因為你每次見到我都會臉紅啊。

寶貝，那只是一片葉子。

啊，奶奶！

　　這是一類善於模仿葉子的昆蟲，不同種類的葉䗛（ㄒㄧㄡ）會模仿不同的葉子——嫩葉、枯葉、半枯葉。葉䗛身上有近似葉脈的花紋，有些葉䗛的身體邊緣還有很像咬痕的痕斑。那些以樹葉為食的昆蟲，會不會忍不住咬一口呢？

螢火蟲

你是電,你是光,你是唯一的神話⋯⋯

1號男嘉賓演唱完畢,願意和他牽手的女嘉賓請亮燈。

牽手成功

為你照亮回家的路

「這邊亮～～那邊亮～～好像許多小燈籠」，兒歌《螢火蟲》中的「小燈籠」是心動的信號，不同頻率、亮度、顏色的光訴說著螢火蟲不同的情感，也許是「請跟我交往吧」，也許是「我喜歡上另一隻蟲了」。

螢火蟲的光到底是怎麼形成的呢？原來是腹部末端充滿含磷的發光質及發光酵素，這兩種物質與氧氣相互作用，亮光就出現了。

白蟻

剛才看的電影真不錯！

是啊。

啊，有寶藏！

你有沒有覺得我們家搖搖晃晃的?

好像有一點……

　　木頭又澀又硬，卻是白蟻的最愛。這是因為在白蟻的腸道裡，有一種能分泌消化纖維酶，把木質纖維轉化成葡萄糖的寄生蟲——鞭毛蟲。不過，白蟻也不是對任何木頭都來者不拒，充滿纖維素的木頭才是白蟻的天菜。

白蟻

你好，你看到我二姑的媽媽的姐姐的小姑了嗎？

請問以下誰是白蟻的親戚？

A 螞蟻

B 法國鬥牛犬

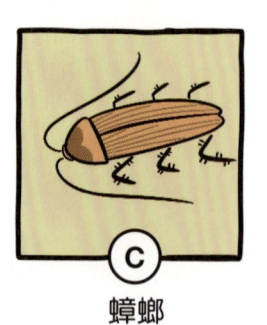

C 蟑螂

D 大象

好久不見,我小姪女的
妹妹的孩子的二姪女。

　　別看白蟻和螞蟻的名字裡都有「蟻」字,長得也有相似之處,兩者非但不是親戚,反而是死對頭,常常因為食物大打出手。而長得一點都不像的蟑螂和白蟻卻是「近親」。

　　分類系統將生物依階層區分為界、門、綱、目、科、屬、種,而遺傳物質DNA是判斷各類群間親緣關係的重要依據。科學家依據遺傳物質DNA的證據,將白蟻和蟑螂這兩大類昆蟲都歸於蜚蠊目,不過彼此不能交配產生後代。

竹節蟲

啊,是小粉!

還好我聰明!

可以不要妨礙我們擁抱嗎?

我敢保證，即便是最聰明的人類，在面對枯枝和竹節蟲時也會感嘆：「啊，真難分辨呢！」你知道為了扮演好枯枝，竹節蟲要付出多大的努力嗎？首先，竹節蟲必須進化成枯枝的樣子。其次，要整天一動也不動。當風吹來時，還得擺動身體，做出和枯枝一樣迎風擺動的樣子。

　　不過，竹節蟲的偽裝術有利有弊，雖然騙過了天敵，但也可能因此錯過正在尋覓配偶的同類，畢竟隱藏得太好，彼此都難以發現對方。

蜉蝣 1

你為什麼到處說「我愛你」？

長大後我就沒有嘴巴了，得趕快把想說的話說完。

　　蜉蝣小時候有口器，這是用來進食的器官，相當於人類的嘴巴。長大後，蜉蝣的口器會退化，僅存 2～3 節下顎鬚，幾乎等於沒有嘴巴。所以趁著嘴巴還在，趕快把想說的話說一說吧！

蜉蝣 2

兩位新人可以交換戒指了。

我愛你，永遠

永遠有多遠

……

3天

死亡倒數計時

2:50

成蟲時期的蜉蝣口器退化，喪失進食的功能，所以只能存活幾天，甚至幾個小時。這麼短的時間做些什麼好呢？不如談場戀愛吧。爭分奪秒地繁衍後代，可以說是蜉蝣成蟲唯一的生存目標。

今天吃什麼好呢？

秋行軍蟲

天冷了,來片烤玉米葉真是幸福。

老闆,玉米葉烤得又甜又香的祕訣是什麼呢?

用我家孩子的便便泡一泡。

新鮮玉米葉

配料：大便
保存期限：1天

品牌代言人：
秋行軍蟲幼蟲

在家門口大小便是秋行軍蟲幼蟲常做的事。別以為這是小孩子的惡作劇，蟲的便便中含有某種蛋白質和微生物，能和空氣中的水分凝結成「水滴」，這些「蟲屎水滴」滴在玉米嫩葉的「傷口」上，會讓玉米葉變得更甜、更爽口。

螞蟻和蚜蟲

那邊有家飲料店,我們去喝一杯解解渴。

小好飲料店

咕嚕咕嚕——

真好喝,不愧是百年老店。老闆願意分享祕方嗎?

這很簡單。

加一點蚜蟲從屁股排出的蜜露就好了。

加糖區

全糖

半糖

三分糖

　　生物間互惠互利的關係叫作共生關係，螞蟻和蚜蟲就是典型的例子。蚜蟲喜歡吸食植物汁液，從中攝取牠們需要的氨基酸。蚜蟲在排泄的過程中會分泌甘露，這些甜蜜的「排泄物」是螞蟻的零食。作為回報，螞蟻會盡可能地保護蚜蟲免受瓢蟲、寄生蜂等天敵的侵害。真是「江湖在走，朋友要有」！

* 此圖為螞蟻和蚜蟲

熊蜂

以下兩枝含苞待放的花,你要買哪枝?

A

B

112

熊蜂是個急性子，如果想吃花蜜但花還沒開，就會「緊急催單」——透過刺破、咬穿葉片，促使植物提早開花。也許是因為熊蜂的唾液裡含有促使花朵綻放的化學物質，才能這麼「任性」吧。

蚊蝎蛉

嗨,我注意你很久了,今晚願意和我共進晚餐嗎?

晚餐吃什麼?

還在準備中。

蚊蝎（ㄏㄜˊ）蛉常用的捕食方式：前足懸掛在植物上，後足和小蟲搏鬥。所以，你可能會看到充滿違和感的景象──上半身看起來十分平靜的蚊蝎蛉，下半身卻在忙於搏鬥。

115

扁頭泥蜂

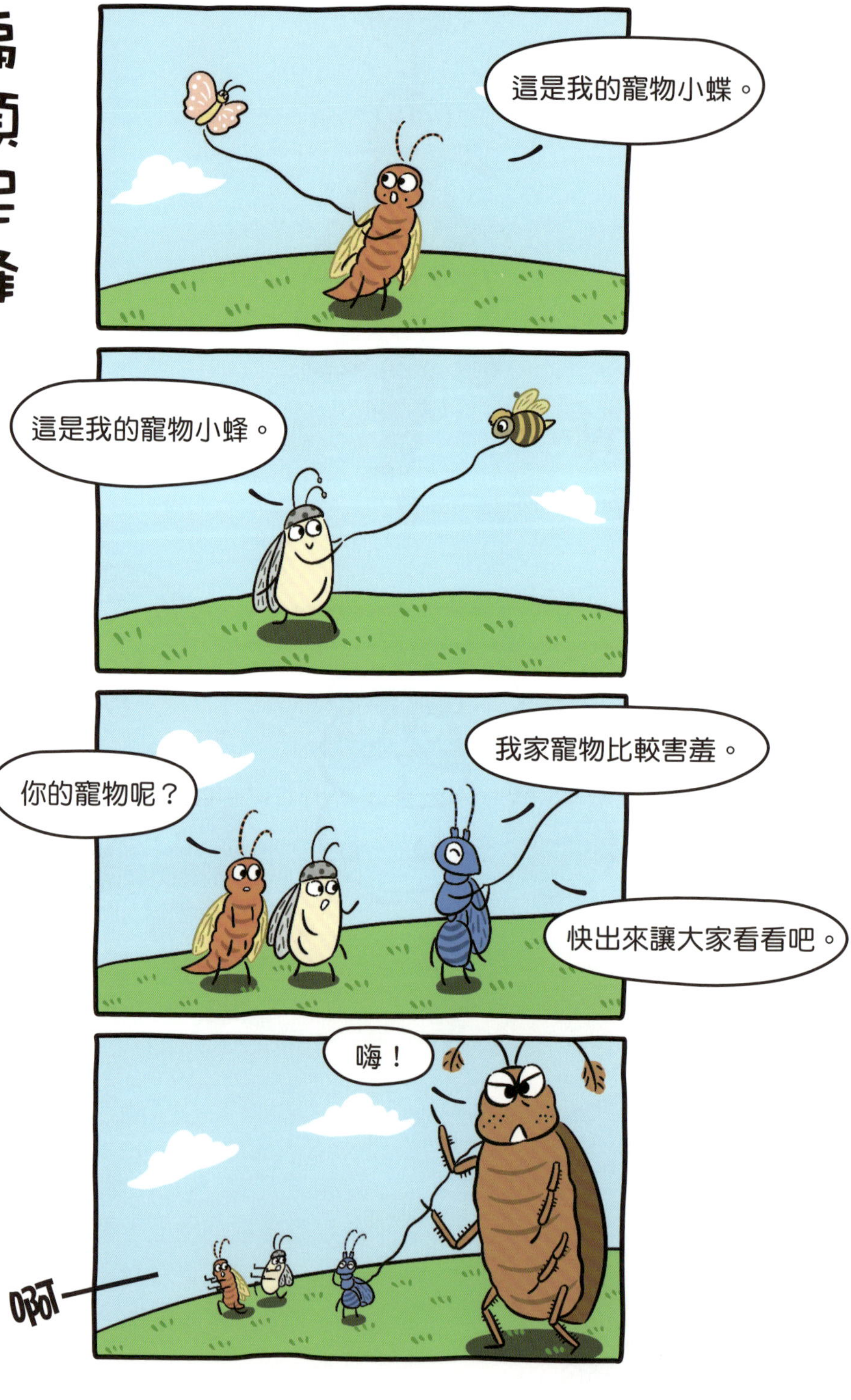

扁頭泥蜂和蟑螂是死對頭，蟑螂為什麼會乖乖跟扁頭泥蜂回家呢？原來，扁頭泥蜂會在蟑螂體內注射兩針毒液，先使其暫時失去行動能力，再分泌一種毒液化合物降低腦部活動、抑制運動神經元。然後，你就會看到龐大的蟑螂被一隻小小的扁頭泥蜂牽著走的詭異景象了。

＊此圖為扁頭泥蜂和蟑螂

食蚜蠅

是！

我們蜜蜂家族有內鬼，今天要把他抓出來！

美食

無動於衷

蜜

愛情

無動於衷

金錢

無動於衷

大便

啊！童年的滋味。

真是狗改不了吃屎。

　　如果蜂巢裡混入了食蚜蠅，你要如何揪出這隻「臥底」？以下是幾點搜索建議：蜜蜂有兩對用來飛行的翅，而蠅只有一對；蜜蜂觸角長而彎曲，而蠅觸角短。如果還是難以分辨，只要問一句：誰小時候最愛吃便便？舉手的就是食蚜蠅了。

獵蝽

樹脂黏答答的,你為什麼還用手摸?

等一下你就知道了。

Free Hugs
免費擁抱

謝謝你溫暖的擁抱。

應該是我謝謝你才對。

你的手怎麼黏黏的?

嗝一

Free Hugs
免費擁抱

　　不是所有擁抱都是溫暖的，至少獵蝽的擁抱不是。獵蝽（ㄔㄨㄣ）會把前足浸滿樹脂，獵物一旦被黏上，就難以逃脫。而且樹脂在前足上還會凝結成塊，這樣獵蝽就可以揮動「更大的前足」攻擊對手了。

　　不過，獵蝽幼蟲也有可能因為操作不當而被樹脂黏住，導致被活活餓死或被天敵吃掉。

北極燈蛾

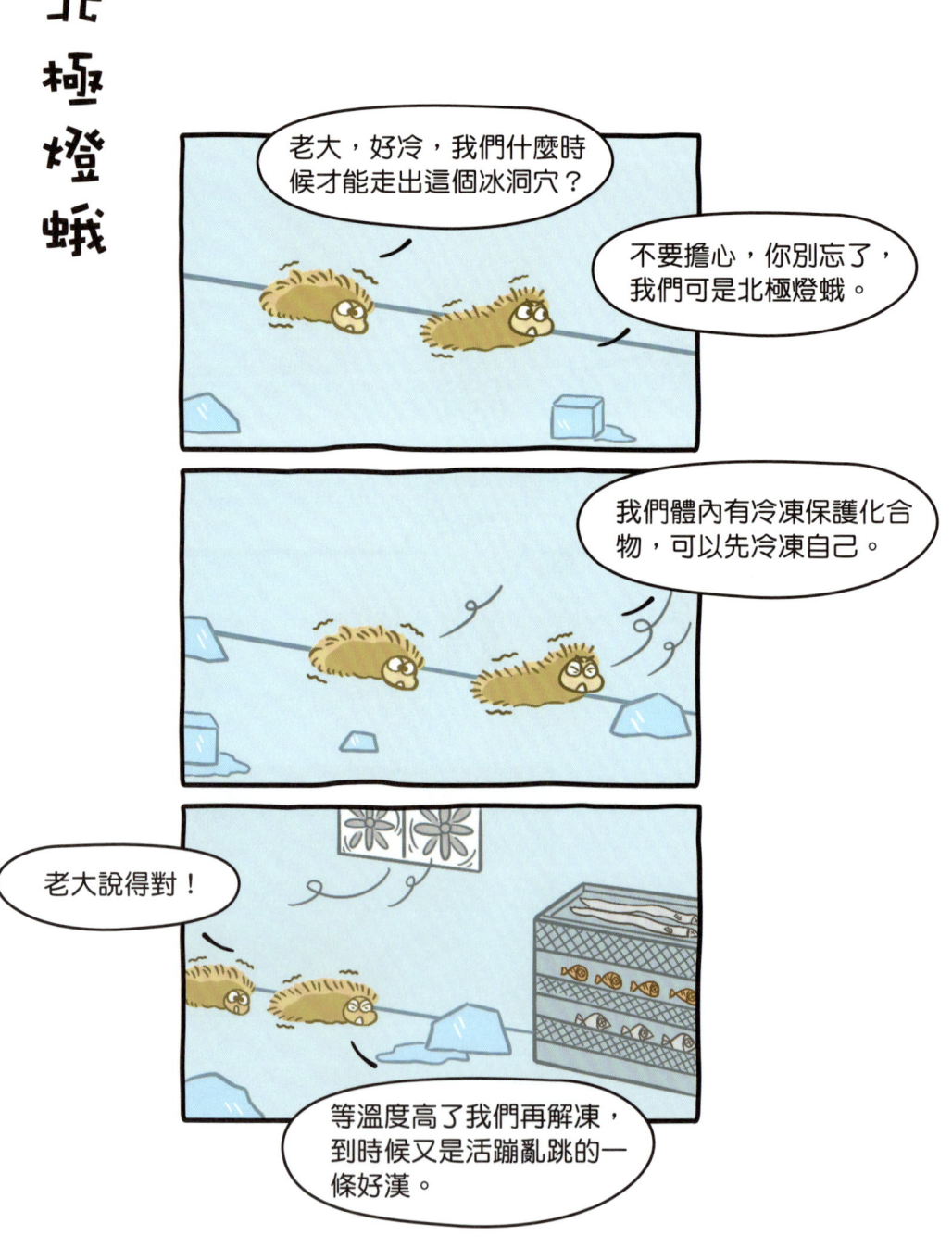

老大,好冷,我們什麼時候才能走出這個冰洞穴?

不要擔心,你別忘了,我們可是北極燈蛾。

我們體內有冷凍保護化合物,可以先冷凍自己。

老大說得對!

等溫度高了我們再解凍,到時候又是活蹦亂跳的一條好漢。

冷凍庫

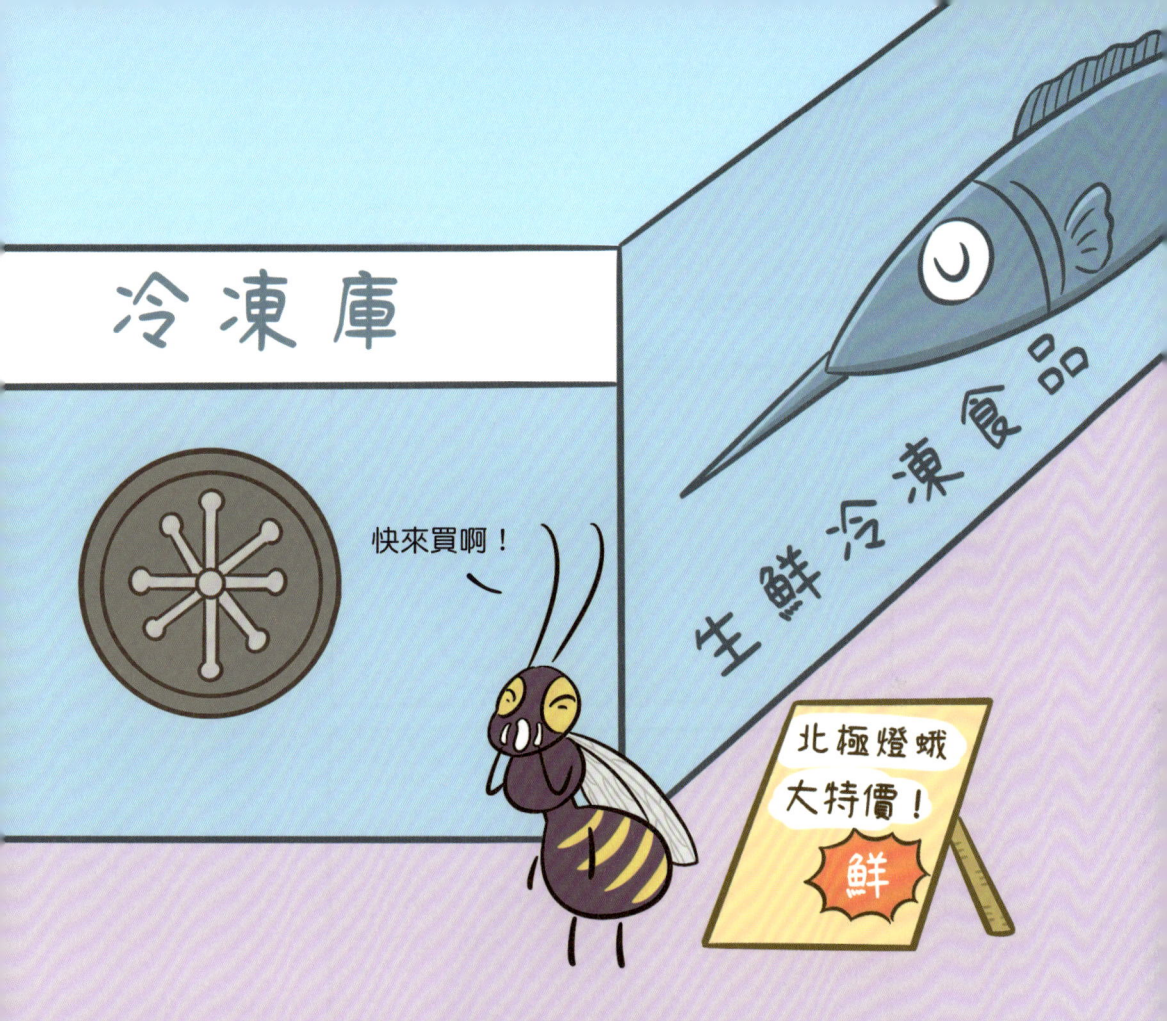

快來買啊！

生鮮冷凍食品

北極燈蛾
大特價！
鮮

　　北極燈蛾生活在北極圈，為了因應天氣寒冷和食物短缺，幼蟲會在體內合成一種冷凍保護化合物，主要成分為甘油和甜菜鹼，然後將自己冷凍起來。等到溫度升高，就會解凍，再次出來活動。北極柳是北極燈蛾幼蟲最愛的食物，可惜牠們一生只有 5% 的時間享用美食，其餘 90% 以上的時間都在「冬眠」，北極燈蛾一生通常會凍結和解凍 7 次。

弄蝶

請問誰在吃便便？

A. 蒼蠅

B. 糞金龜

C. 弄蝶

沒想到吧，昆蟲界把糞便當成美食的不只是蒼蠅和糞金龜，弄蝶也非常喜愛。弄蝶的虹吸式口器只能吸食液體食物，遇見最愛的乾硬鳥糞，該怎麼辦才好呢？弄蝶用自己的糞便來軟化鳥糞後，就可以大快朵頤一番了。

蜜罐蟻

你看他,好大的啤酒肚。

你誤會了,我這裡存的都是花蜜,是留給家族成員吃的。

你看,他也很有奉獻精神。

沒有啦,我只是吃太飽而已。

我不是真的胖喔!

　　到了植物大量分泌花蜜的時期,蜜罐蟻會把身體當成儲存容器,拚命吸食花蜜,肚子鼓成葡萄般的大小。等到蟻群食物短缺時,蜜罐蟻會將花蜜吐出,幫助同伴渡過難關。不過蜜罐蟻應該沒有料到,正是因為這種特性,一些好吃的人類會摘掉其頭部直接食用,或是把蜜罐蟻腹中的蜜發酵釀成酒。

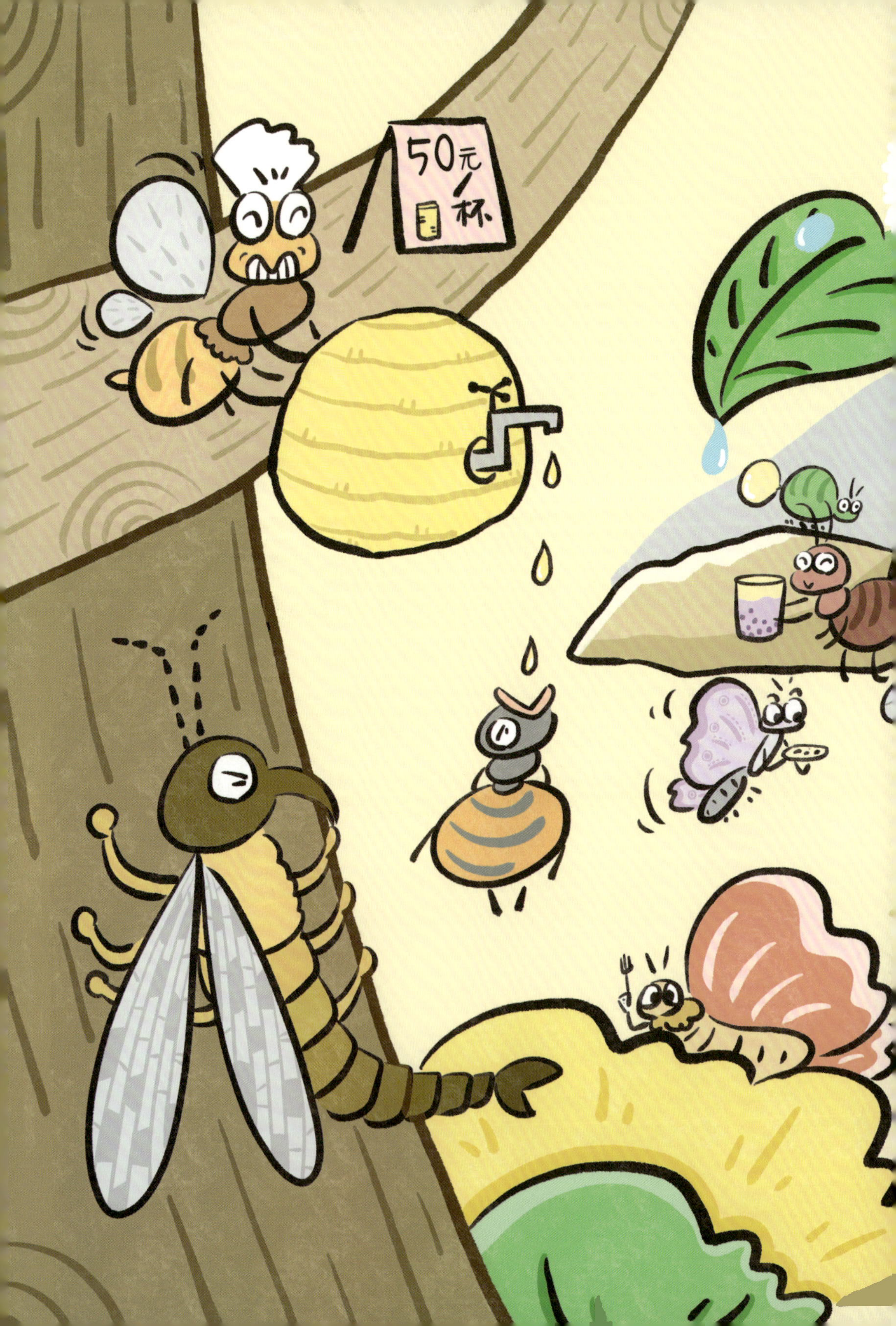
50元/杯

50元

30元 10滴淚

收穫蟻

好吃！

這米真香，請問師傅有什麼獨門祕方？

哈哈哈，不過就是……

用我嚼爛的米捏的。

優質好米

品牌代言人：收穫蟻

如何製作可口的「收穫蟻飯糰」？收穫蟻教你四個步驟。
一、種，像農夫那樣種植種子。
二、運，將成熟的植物種子運回洞穴。
三、嚼，嚼爛種子，唾液中的酶會將種子中的澱粉轉化成糖分。
四、吐，嗯……我就不多說了。

蟻蛉

誰說世上沒有一勞永逸的事。

你看，我挖了一個坑，就有小蟲子送上門來。

源源不斷，所以說啊……

啪——

「來了。」

「快走吧，來不及了！」

*此圖為蟻蛉捕食的場景

「挖坑」在人類世界有陷害、欺騙的意思，但在昆蟲世界裡，可能有極高的喪命風險。蟻蛉的幼蟲被稱為蟻獅，是挖坑高手，會在沙地上挖出漏斗形的小坑洞，將自己埋在「漏斗」的最下方。當有獵物不小心滑落時，蟻獅就用大顎狠狠地夾住對方，吸食獵物的體液，再將空殼丟到洞外。

泥蜂

就當在自己家,別客氣,我去拿點吃的。

你也是小節的朋友嗎?初次見面,請多指教。

……

今天天氣不錯,天也藍藍的。

……

跟社恐真的很難聊起來……

那是我孩子的主食，雖然被麻痺了3個星期，還是很新鮮呢。

自然界沒有冰箱，那些喜歡「嘗鮮」的昆蟲要怎麼讓食物保鮮呢？泥蜂會將毒液注射到獵物體內，麻痺獵物的神經，使其動彈不得，這樣就能隨時吃到新鮮可口的美味了。

隊蜂

這是一滴眼淚，

混合著

痛苦，

悲傷，

虛偽，

和美味。

　　過去曾有新聞報導，有民眾在清明掃墓後因為眼睛痛而就醫，結果醫生從她眼睛裡夾出 4 隻蜜蜂。這些蜜蜂就是隧蜂，俗稱汗蜂——一種對淚水、汗水情有獨鍾的蜜蜂。

　　可能是因為哺乳動物的淚水和汗水裡含有鈉、鹽等物質，而這些物質有助於昆蟲補充礦物質和微量元素。不只是隧蜂，果蠅、蛾、蝶等昆蟲也難抵擋淚水和汗水的誘惑。

媽媽說的準沒錯

蟻獅

這間兒童房有衛浴設備，方便孩子上廁所。

能不能改成孩子的書房？

那孩子要去哪裡上廁所呢？

我家孩子都「只進不出」的。

母嬰用品

需要尿布嗎？

不需要，謝謝。

蟻獅是蟻蛉的幼蟲，蟻獅的後腸封閉，過著「只進不出」的生活。好在蟻獅主要靠吸食獵物的營養液為生，幾乎不需要排泄。等到蟻獅羽化成蟲後，其後腸會變通暢，之後就可以痛快地排便啦。

141

三葉蟲 紅螢

奶奶，奶奶。

奶奶，奶奶。

奶奶，奶奶。

紅螢之墓

還是我們女生幸運，能永保童顏。

雌性三葉蟲紅螢從不懼怕外表老去，因為其終生保持童顏。雄性三葉蟲紅螢經過蛹期後會變成有翅成蟲，而雌性則不化蛹，終生保持幼蟲的形態。雌性長大後和小時候在外表上沒有太大的區別，僅在表皮結構上有些微不同。

悍蟻

爸，媽，鄰居說我和你們長得不像。
長大就像了，快去做晚飯。
爸，媽，同學都說我們長得不像。
我們簡直一模一樣，你馬桶刷了嗎？
爸，媽，為什麼從小到大，大家都說我們長得不像？
別聽他們胡扯，午餐做好了嗎？
咚咚咚！

> 你好，我是警察，正在調查一起發生在 1 個月前的失蹤人口綁架案。

*此圖為紅悍蟻

　　悍蟻是昆蟲界的「人口販子」。紅悍蟻會把其他螞蟻的卵偷回來孵化，並透過費洛蒙洗腦剛出生的螞蟻寶寶，讓螞蟻寶寶心甘情願為自己打工，自己則是「茶來伸手，飯來張口」。

胡蜂

吃糖

你這樣一直撕紙很浪費啊。

沒關係,我家的房子整個都是用紙糊的,紙多得用不完。

小蜂,毛筆字練得怎麼樣了?

字是練好了,但是⋯⋯

家沒了。

寫得很好，不過，
以後不要再寫了。

　　人類花了相當長的時間才發明出造紙術，而胡蜂天生就會造紙。胡蜂鉗取一小口木頭咀嚼、消化後，吐出來形成木漿，再將木漿塗抹成薄片，製成蜂巢。在胡蜂的啟發下，人類發明了以木材為原料的現代造紙術。

吉丁蟲

啊——快跑啊！

嘩——

女士請留步，保護大家的任務交給我們就好了。

我還盼這場大火讓我安心地生孩子呢。

院長,一定要這樣嗎?

這樣才能幫吉丁蟲準備一個生孩子的好環境。

婦產醫院

　　世界上也許沒有其他昆蟲比吉丁蟲更渴望一場火災了,這是因為活的樹木在遭到昆蟲啃食時,會分泌一種天然的除蟲菊酯,而被燒焦的樹木則不會,能夠讓吉丁蟲安心產卵。

蒼蠅 4

寶貝,知道為什麼我們的腳這麼厲害嗎?

為什麼呢?

因為我們的腳吸力十足,每隻腳上都有「跗墊」。

跗墊上會分泌一種黏液,讓我們牢牢吸附著。

我們能趴在任何想停留的地方。

媽媽……

有隻貓在看著我們呢。

你怎麼不早說！

飛簷走壁這種特殊技能，在蒼蠅眼裡不過是雕蟲小技。蒼蠅可以吸附在物體表面主要靠的是牠的跗（ㄈㄨ）墊，跗墊上長有細小的纖毛，還能分泌出一種黏性物質，讓蒼蠅可以隨心所欲停留在任何地方。

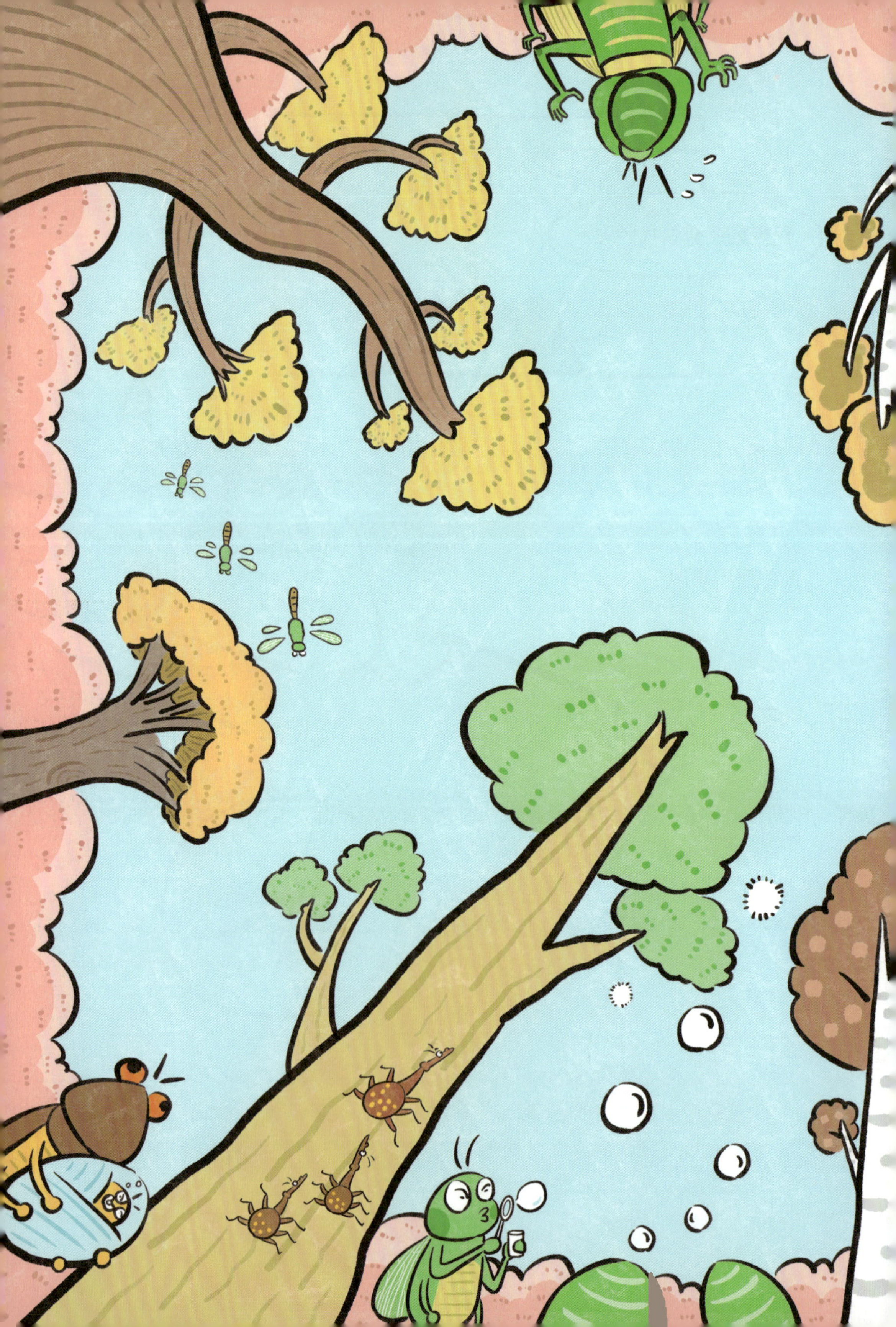

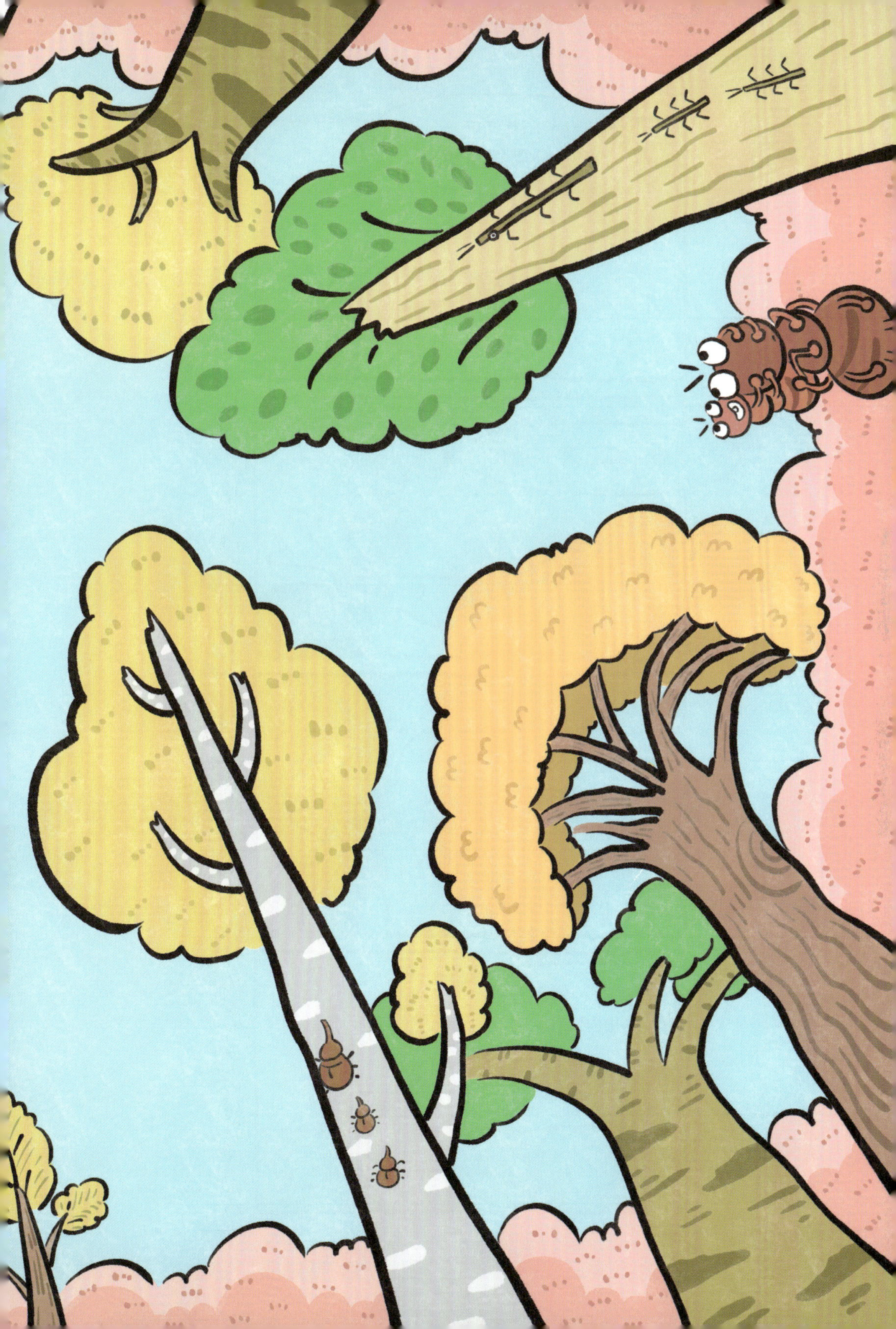

蟻后

好消息！蟻后頭胎，0.005 公克健康寶寶！

好消息！蟻后第 10 胎！

好消息，蟻后第 30 胎。

好…消息，蟻后……第……888 胎。

蟻后擁有交配一次即可終生生育的能力。蟻后和雄蟻邊飛邊交配，這種繁衍方式叫作「婚飛」。 在婚飛的過程中，蟻后可以跟多個雄蟻交配，並把精子存在儲精囊中。這些精子可以在蟻後體內存活幾年甚至更久，這就是蟻后在死去之前都能生孩子的原因。

捲葉象鼻蟲

你有沒有覺得越來越冷啊？

大晴天怎麼還這麼冷！

你真的不覺得冷嗎？

你再吃，可能就會凍死了。

好冷啊……

　　我們小時候父母常說睡覺不要踢被子,但是,這裡有個昆蟲寶寶不只是「踢被子」,還會直接把「被子」吃掉,那就是捲葉象鼻蟲寶寶。捲葉象鼻蟲媽媽把卵產在捲好的樹葉裡,寶寶出生後就吃這個樹葉長大,然後化蛹羽化。

稠李巢蛾

媽媽，朋友都不敢來我們家玩。

為什麼？

他們說我們家很恐怖。

我們家哪裡恐怖了？

有很恐怖嗎？

鬼屋
夜遊
300元/位

想來一場「鬼屋」大冒險嗎？不如到稠李巢蛾家走走吧！春天，稠李巢蛾寶寶會從卵裡鑽出來，也是鳥類的美味佳餚。為了防止被吃掉，稠李巢蛾幼蟲會吐出絲線，把自己隱藏在大網裡。這張網大到能籠罩整棵樹，想在深夜進行鬼屋探險的蟲蟲們千萬不要錯過。

椿象

您好，買一張票，謝謝！

嗶嗶嗶

報告，這位女士身上有可疑物品。

還有嗎？

沒了。

媽媽，電影開始了嗎？

媽媽，電影這麼感人嗎？

嗯……

　　椿象種類頗多，其中荔枝椿象媽媽簡直是一打十高手。幾十個荔蝽寶寶緊緊貼在一起，趴在媽媽的腹部，絲毫不會影響荔蝽媽媽正常走動甚至飛行。也許荔蝽媽媽來段熱情的森巴舞，再加 720 度湯瑪士迴旋，孩子也不會掉下來。

* 此圖為荔蝽

松毛蟲

我們松毛蟲家族就是愛走回頭路,知道了嗎?

嗯!

像這樣,邊走邊吐絲,離家再遠,我們也能找到回家的路。

嗯嗯!

外面的世界很危險,答應媽媽一定要認得來時的路,記住了嗎?

嗯嗯嗯!

道理都懂了,現在我們往回走吧。

可是媽媽,家不是就在眼前嗎?

媽媽剛剛怎麼說的,原路折返!

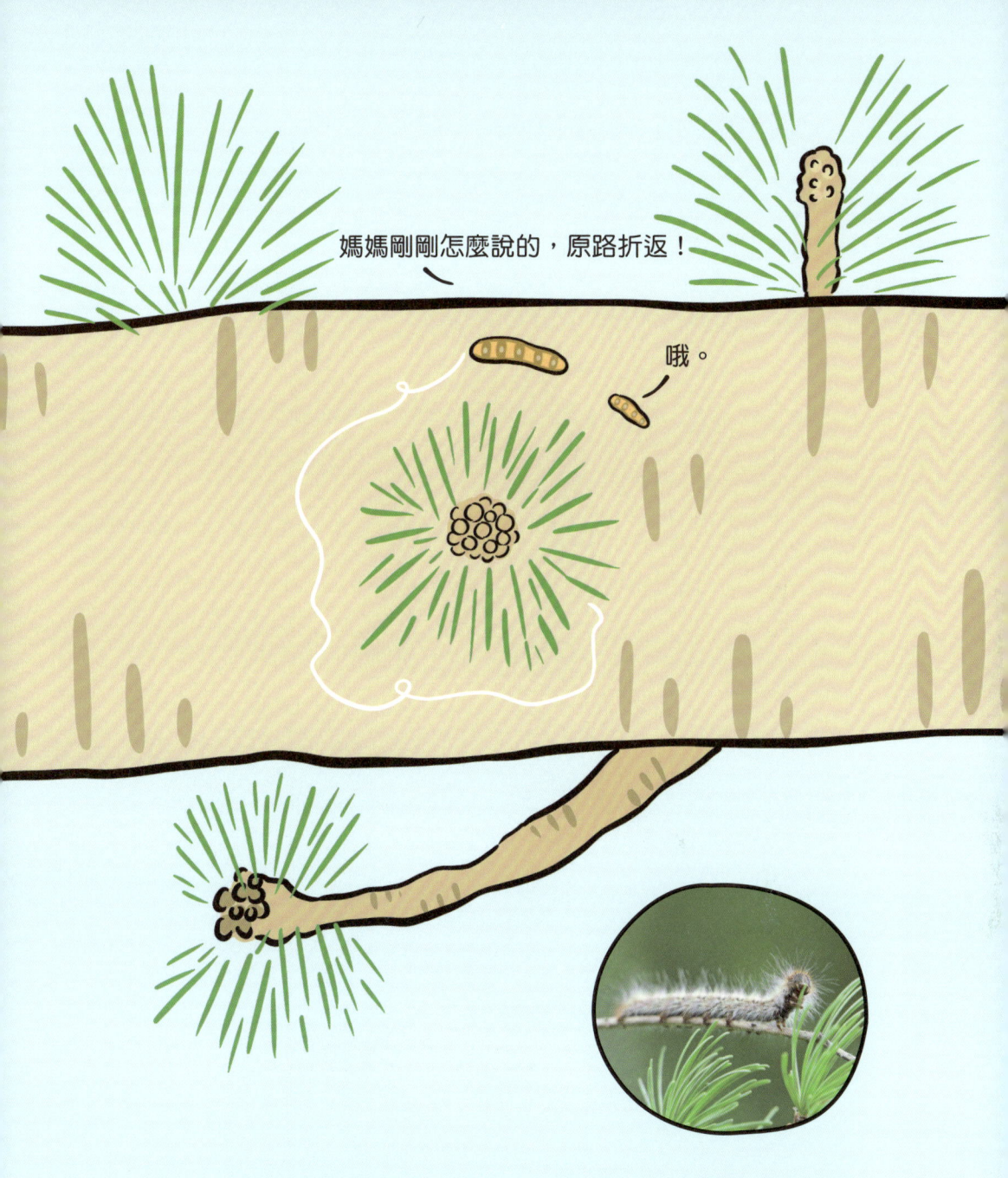

哦。

　　松毛蟲是愛走回頭路的昆蟲,想找到回家的路既不靠眼睛也不靠鼻子,而是靠吐出的絲。松毛蟲的嗅覺並不發達,喜歡在夜晚外出覓食,沿著「絲路」折返是不錯的方式。不過當兩條絲交錯時,松毛蟲就有可能沿著錯誤的絲回到其他松毛蟲的家。好在松毛蟲是熱情好客的昆蟲,否則真不知道會不會經常發生衝突。

就知道
不能高興得太早

鬼臉天蛾和龍眼雞

這看起來是骷髏。

其實我是鬼臉天蛾。

這看起來是鱷魚。

其實我是龍眼雞，哈！我只是亂入的。

這看起來是蛇……

其實我就是蛇。

大自然危機四伏，善於因應大環境調整的昆蟲，就能平安地活下去，其會在行為、形態、體色等特徵上會出現類似另一種生物的形體或物體。

赫摩理奧普雷斯毛毛蟲

他走了嗎?

沒動靜,應該走了吧。

嘿!

是我啦,哈哈!

嚇死我了!

嘿!

所以……現在……到底要不要跑?

當遇到危險時，赫摩理奧普雷斯（hemeroplanes）毛毛蟲（一種天蛾科幼蟲）會不顧一切地把頭往後一仰，透過身體側面的小孔吸氣，讓腹部膨脹起來，再配上像蛇眼一樣的斑紋，一個活靈活現的蛇頭就出現了。其不僅長得像蛇，還能模仿蛇的撲咬動作，可惜沒有真正的牙齒，無法對敵人造成傷害，只能自求多福，希望這個偽裝不要被拆穿。

炮步行蟲

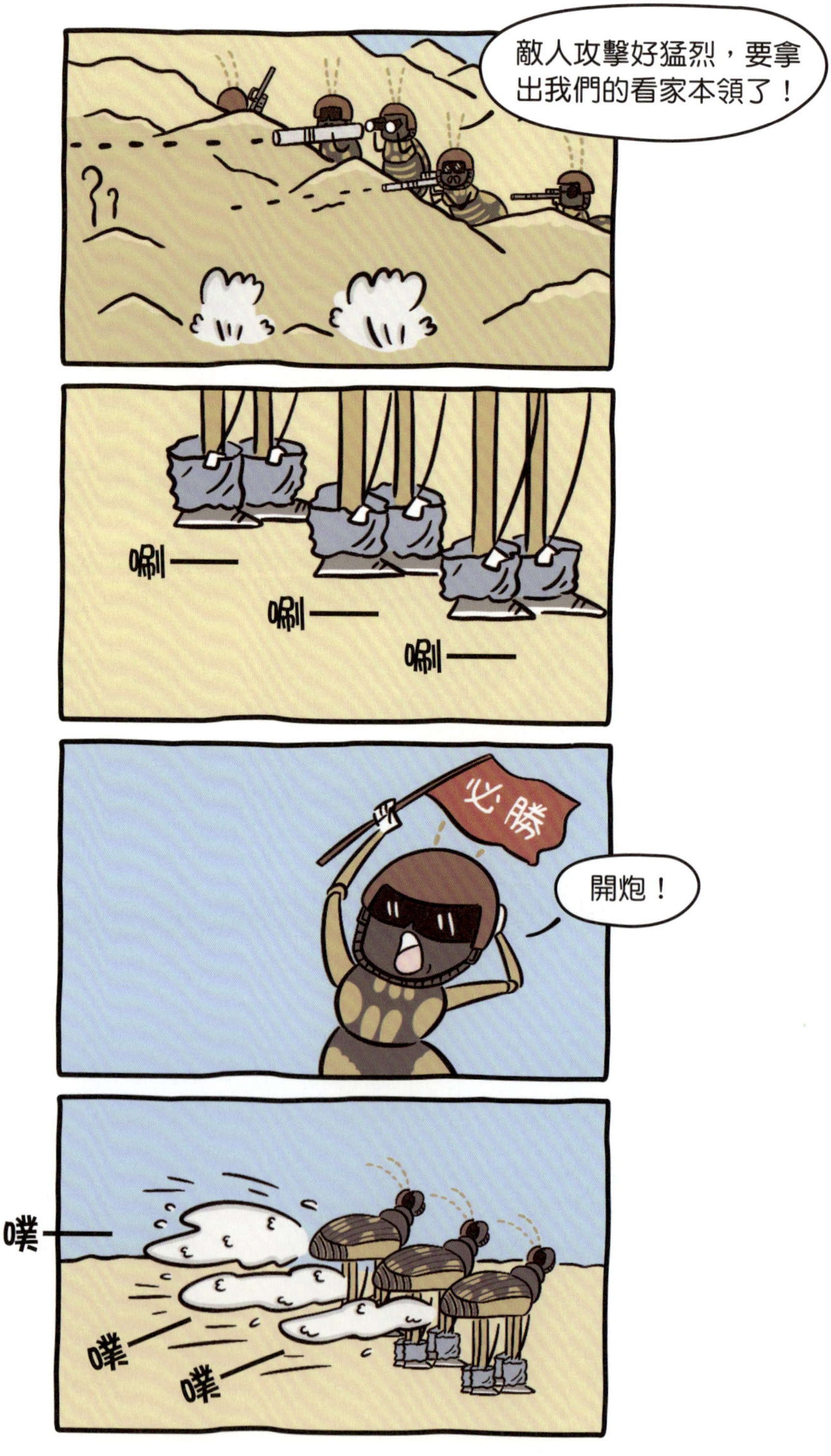

長官，我吃不下了。

多吃一點，我們才能戰無不勝。

　　不要小看這個屁，關鍵時候是可以保命的，不信你看看炮步行蟲。炮步行蟲腹部存有兩種物質——對苯二酚和過氧化氫。當遇到危險時，這兩種物質在過氧化氫酶和氧氣的作用下形成一種高達100℃的氣液混合物，相當於將滾燙的開水噴向敵人，並伴隨響亮的爆炸聲和刺鼻的氣味。

虎甲蟲

站住！

再不站住我就開槍了！

這……

跑太快而導致瞬間失明，這樣的事就發生在虎甲蟲身上。虎甲蟲的眼睛是由數量不定的單眼組成的複眼，跑得越快，看到的訊息就越多，而虎甲蟲是陸地上跑得最快的昆蟲。

在複眼和高速奔跑的雙重因素下，虎甲蟲的大腦無法在短時間內處理這麼多訊息，所以會短暫失明。這樣看來，學會放慢速度，無論對昆蟲還是對人類來說都是很重要的。

蜜蜂 1

請問胡蜂是被什麼熱死的？

A 暖氣機

B 充電太久的手機

C 棉被

D 蜜蜂

努力拍動翅膀,產生熱量,熱死胡蜂。

　　蜜蜂的體型比胡蜂小得多,卻能以小制大,祕密就在於蜜蜂善於團體戰。當危險來襲,蜜蜂們會將胡蜂團團圍住,拍動翅膀產生熱量,直到把胡蜂熱死。蜜蜂能忍受大約50℃的溫度,而胡蜂只能承受大約47℃的溫度,就是這3℃的溫度差,讓蜜蜂反敗為勝。

爆炸平頭蟻

救命——

救命——

好吧,我有兩個消息要告訴你。

壞消息呢?

好消息是你抓住我了。

我會自爆。

殺傷性武器排名

NO.1　　　NO.2　　　NO.3

　　不要輕易招惹爆炸平頭蟻，牠狠起來會跟你同歸於盡。爆炸平頭蟻的大顎腺腺體很發達，裡面充滿了黃白色黏液，一旦遇到危險，就會收縮腹部肌肉，使腺體崩裂。飛濺出來的液體不但具有腐蝕性，還會像膠水一樣黏住敵人，讓對方動彈不得。這些液體會揮發化學物質，爆炸平頭蟻用這種方式提醒同伴做好禦敵的準備。「蟻肉炸彈」說的就是爆炸平頭蟻吧。

鰹節蟲（皮蠹）

你招不招？

不招！

餓他三天三夜，看他招不招。

三天後……

可惡！他跑去哪裡了？

沒想到吧，我一餓，連綁住我的皮革都可以吃光光。

　　可以請昆蟲幫忙製作標本，你相信嗎？自然界就有這種昆蟲──鰹（ㄐㄧㄢ）節蟲（皮蠹（ㄉㄨˋ））。

　　鰹節蟲的幼蟲被認為是食物與衣物的害蟲，牠們以腐食性的食物、自然纖維等為食，包含穀物、麵粉、澱粉、奶粉、香料、乳酪、火腿、培根…等，也會導致食品發霉。另外，還會造成皮革製品、織品衣物…等破損。幼蟲無毒，但會對一些人造成過敏。不過，藉由鰹節蟲可將動物幾乎完全啃食到剩下骨頭的能力，就有人想到運用其來協助處理標本，只是這需要小心控制，否則標本與文物反而會被牠們破壞。

179

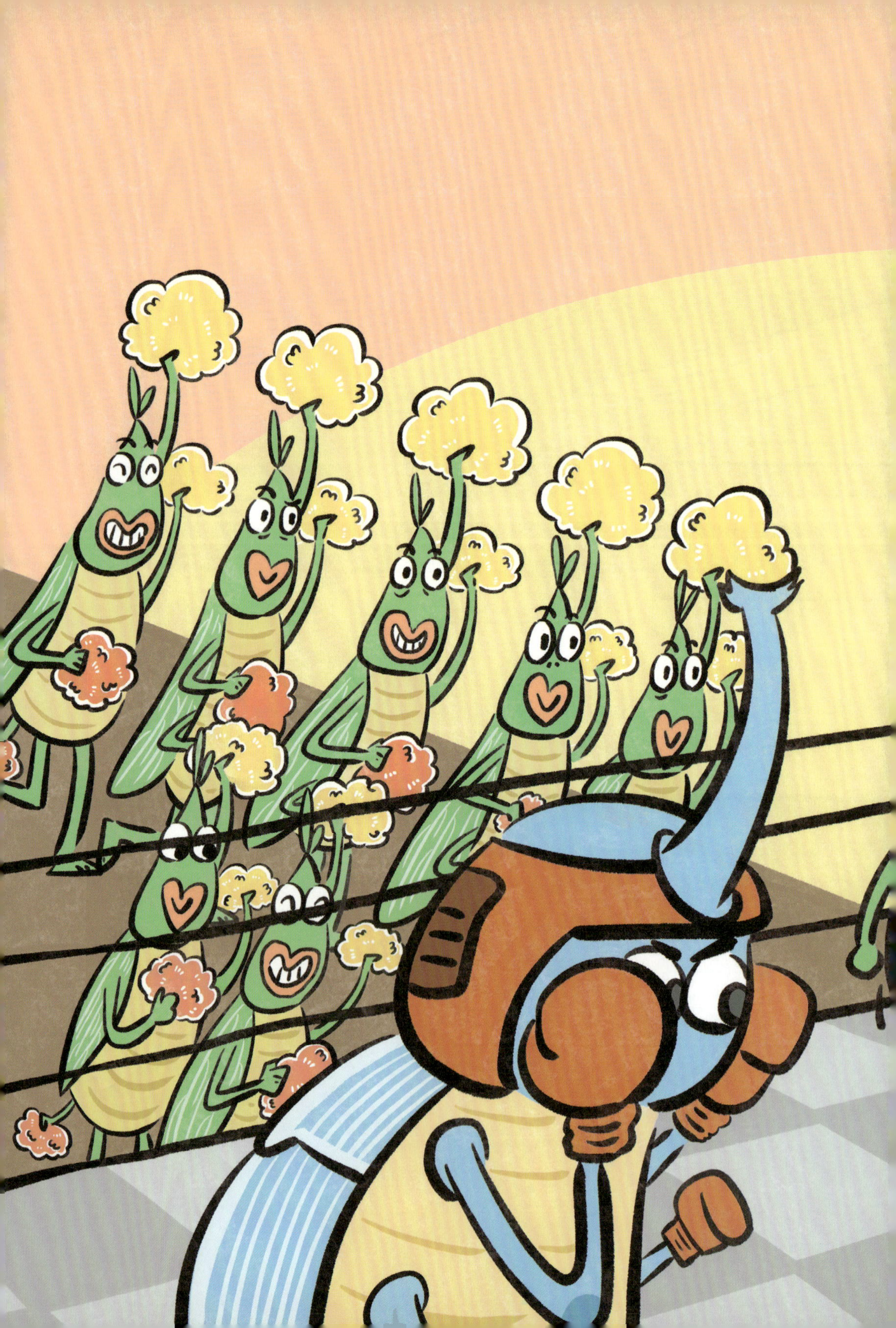

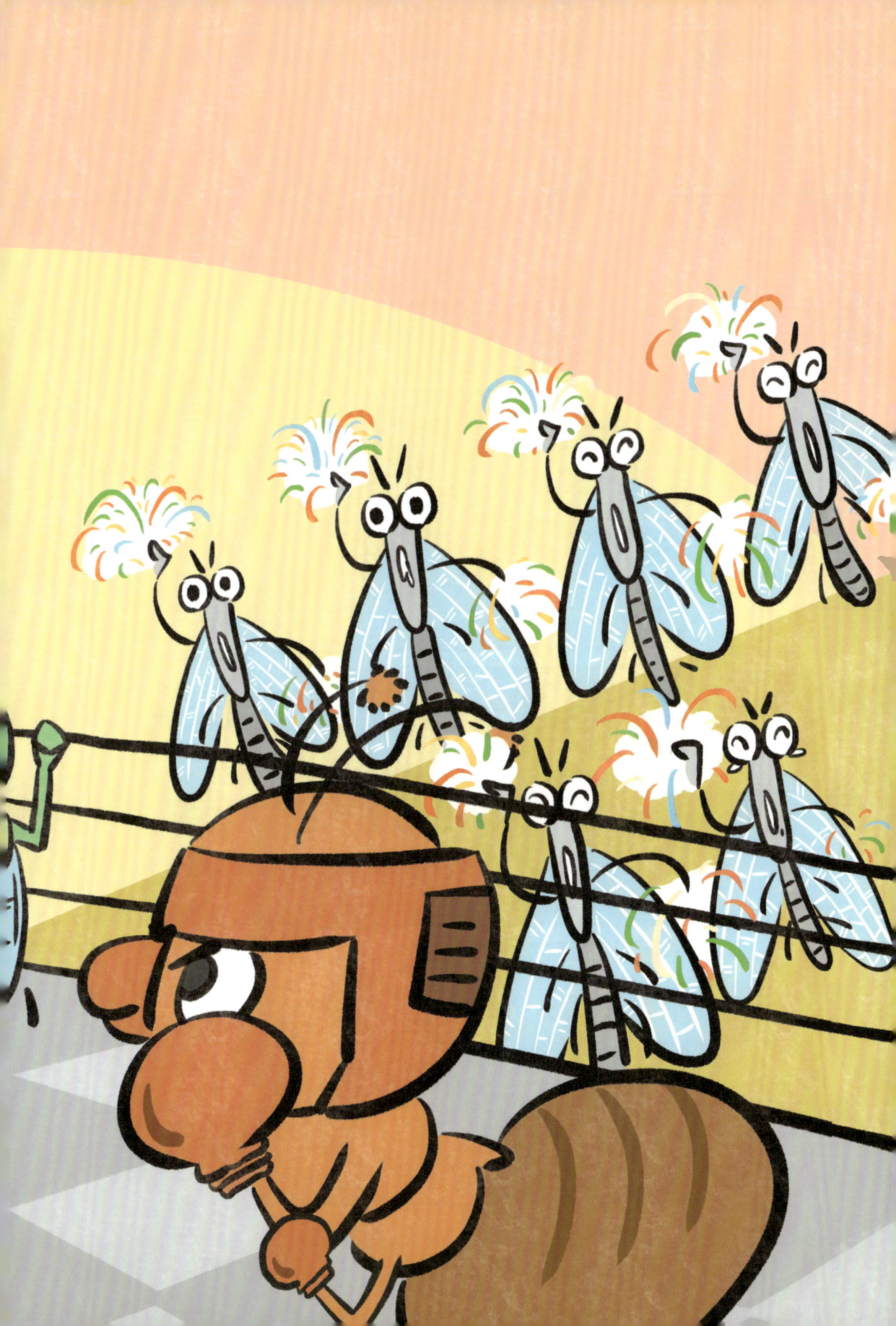

截首蟻

有蟲子頭被卡住了，快來救救他！
我只是試著用頭堵門，別大驚小怪的！
怎麼卡住了？來人啊，快救救我！
沒事，他只是在練習用頭堵門。

快走,這裡有我頂著!

「大頭大頭,堵門不愁。」當蟻群遭受敵人進攻時,截首蟻會用頭堵住洞口。扁平的大頭不僅能堵門,還能在截首蟻從高處滑落時發揮類似降落傘的作用。真是天生我頭必有用!

孔雀蛺蝶

跑去哪了？

嘻嘻，還是我機靈！

……

就知道不能高興得太早…

孔雀蛺（ㄐㄧㄚˊ）蝶展開雙翅，翅面上的花紋像極了貓頭鷹，一些原本打算吃牠的小型鳥類經常會被嚇跑。所以說，想要在自然界保命，嚇人也是一種本事。

伊莎貝拉天牛

別跑！

可惡，跑去哪了？

再不出來，我就要拔槍了！

束手就擒吧！

噴—

伊莎貝拉天牛是昆蟲界的「空氣濕度測量儀」。當環境乾燥時，會變成帶有暗綠色條紋的金色甲蟲；當濕度上升時，就會變成紅色。這是因為蟲體在不同濕度的環境下會反射不同的光線，使我們看到不同的顏色。在此啟發下，科學家研發出用來印刷鈔票的墨水，對著鈔票呵氣，如果錢變色了，那就是真鈔。沒想到吧，小小的昆蟲居然對打擊造假和詐騙大有貢獻。

血鼻甲蟲

這下我看你往哪跑！

哈！

呵呵，我們血鼻甲蟲就是冰雪聰明，可以咬破嘴裡的表皮，流血嚇退敵人。

也給我們一點吧！

吸血蝙蝠　血蛭　牛虻

捐 血

吐血有時也能保命。當遇到危險時，血鼻甲蟲（一種金花蟲）會咬破嘴裡的表皮，流出鮮紅色的血淋巴液滴，看起來很像吐血。這種液滴味道苦澀又難聞，捕食者很可能因此而放棄對血鼻甲蟲的攻擊。

美東笨蝗

舉手的可能是搖滾明星，

可能是自由女神，

也可能是在舉杯慶祝，

乾杯

想吃我得先忍受我的狐臭。

也可能是……

美東笨蝗生活在美國東南部，不會飛也不擅長跳躍，行動十分遲緩。那麼，究竟是如何在險惡的大自然中生存下來的？用「狐臭」薰走敵人可能是最不費力的方法！其足部基節會釋放一種可能是生物鹼的物質，讓敵人聞而卻步。

子彈蟻

老大,你還好嗎?

沒事,被子彈蟻蜇過之後都這樣。

被他們蜇過的地方就像被子彈打中一樣痛,沒關係,我可以的!

可是老大……

可是……

不要再說了!

據說被子彈蟻蜇過的地方就像被子彈打中一樣痛。到底有多痛呢？一位好奇心很重的昆蟲學家不惜以身試蟲。在體驗了被150多種昆蟲的蜇咬後，他將被子彈蟻蜇咬的疼痛指數列為首位，「那種感覺就像生鏽的釘子扎入腳後跟，然後赤腳踩在火紅的木炭上」。

193

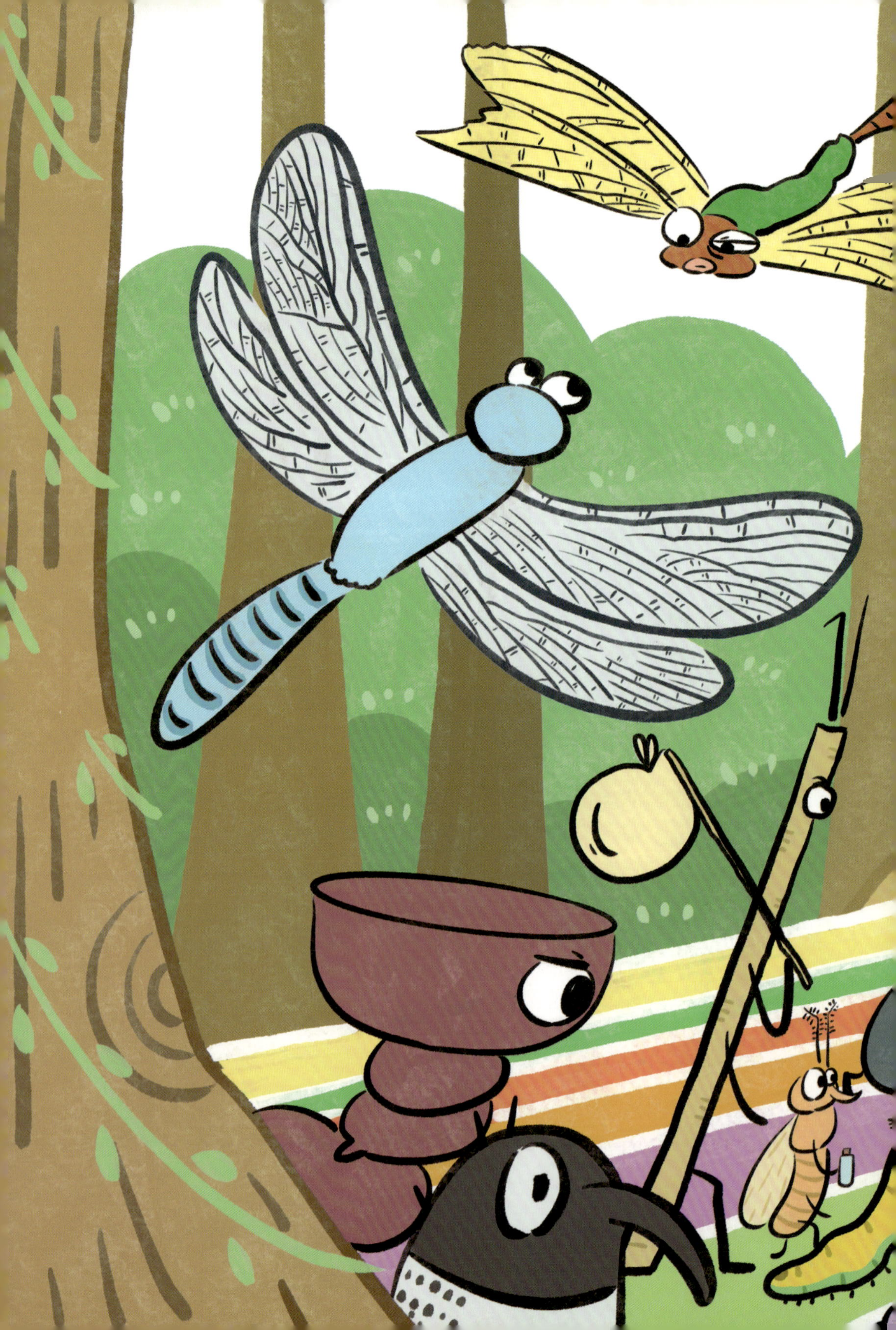

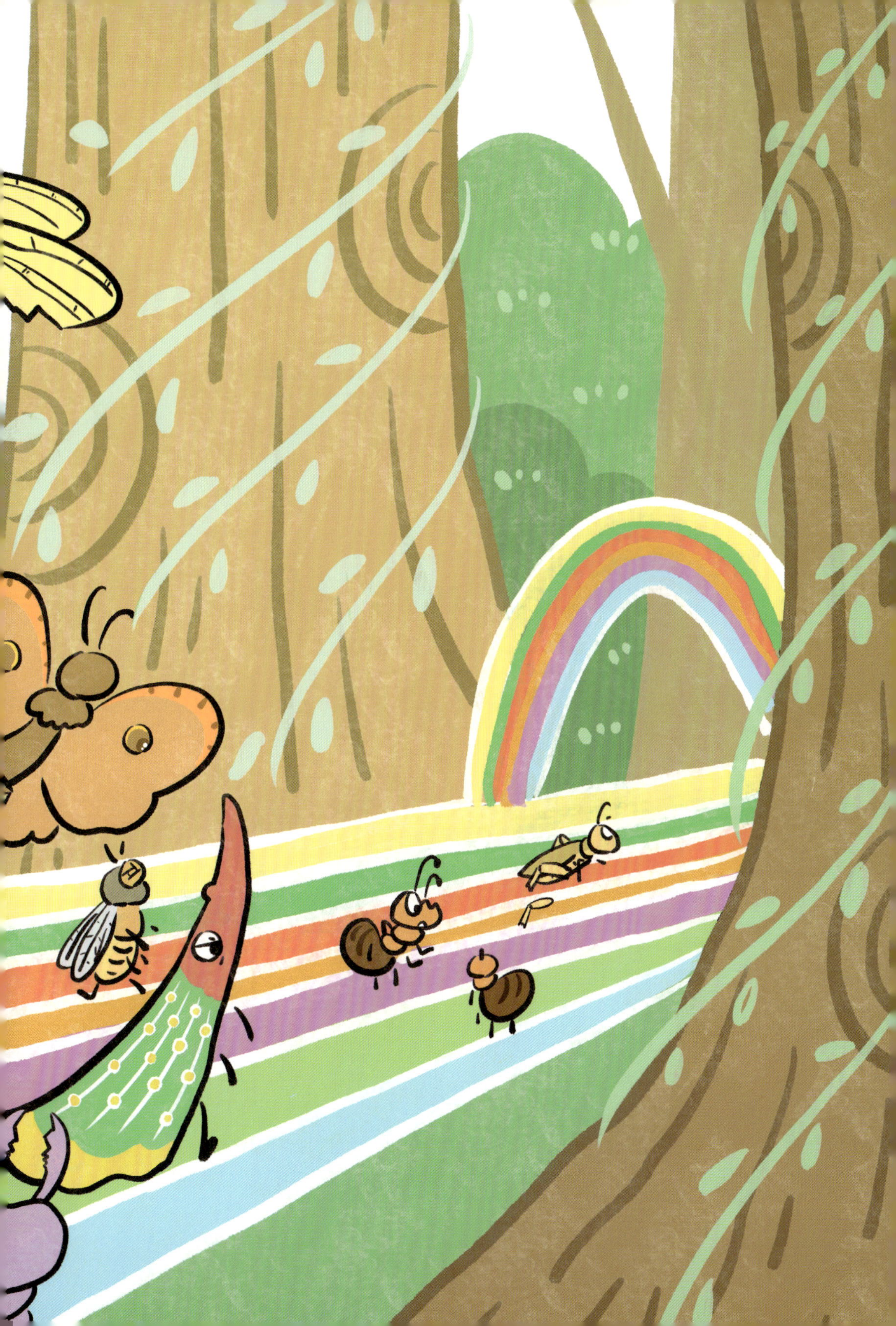

枯葉蝶

啊——救命！

嚇！

老大，他又偽裝成枯葉了！

沒關係，我有辦法。

嘻嘻！

枯葉蝶是一類很像枯葉的蝴蝶，不僅顏色與枯葉相近，還長有近似葉脈的紋理。當枯葉蝶被鳥類追捕時，會模仿樹葉飄落的樣子，以一種搖搖晃晃的方式飛行，和真正的落葉混在一起，讓追捕者無法分辨。這段描述讀起來是不是很熟悉？沒錯，枯葉蝶和前面提到的葉䗛模仿葉子的手法十分相似。

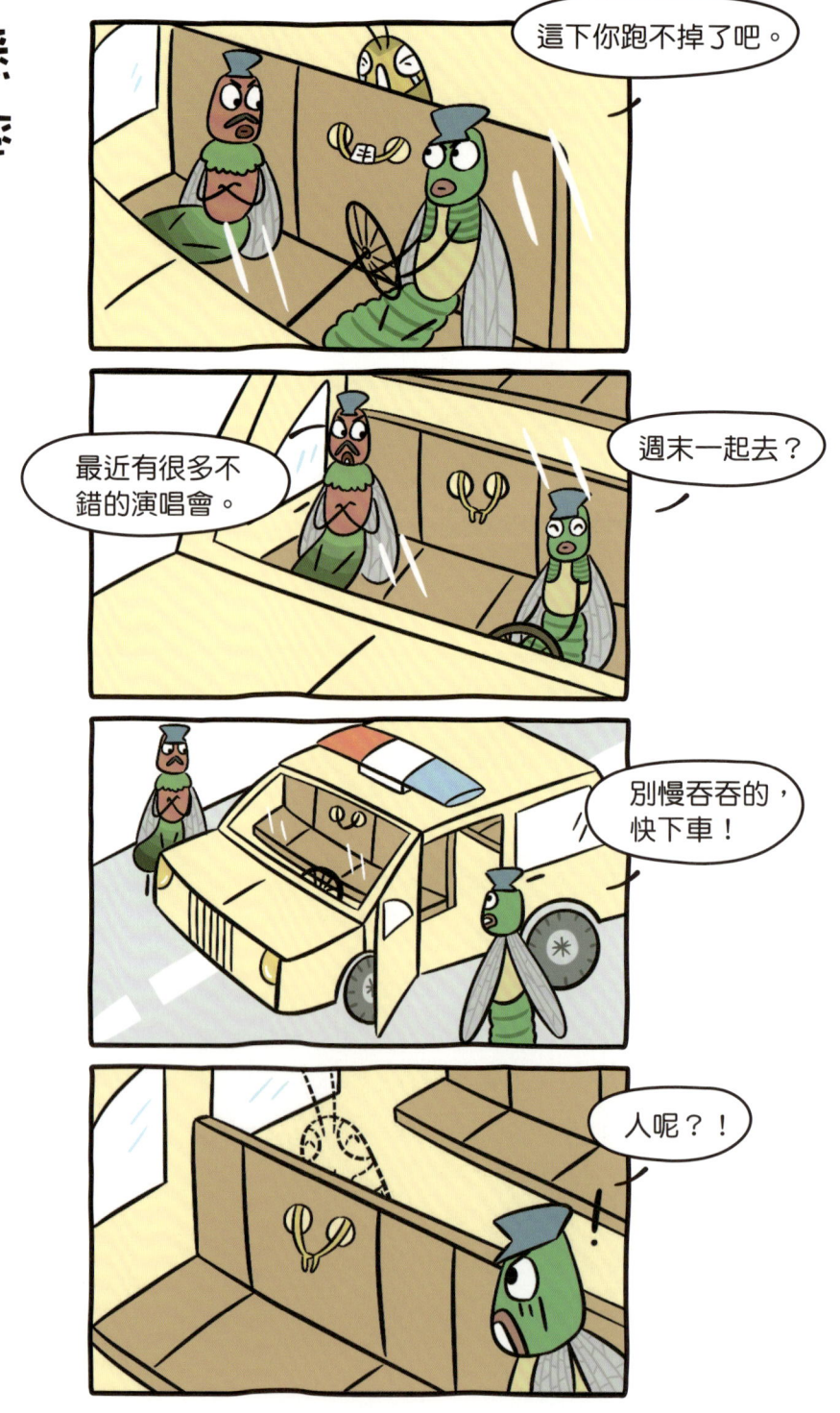

蟋蟀

先生，你的腿！

哦，謝謝提醒。

　　昆蟲界有自斷手足的行為，不要誤會，這可不是在自殘，而是一種逃生的手段。為了保命，蟋蟀往往會狠心捨棄被敵人抓住的足。除了蟋蟀，蝗蟲等昆蟲也會利用這種方式逃命。畢竟和足相比，還是命重要。

采采蠅 1

居民們注意，近期采采蠅肆虐，被他們叮咬後會陷入昏睡，大家要小心！

采采蠅來了！快跑啊！

有了！

奇怪……不記得有咬過他啊……

怎麼了？還不快追！

　　采采蠅，一種攜帶著「嗜睡病毒」的蠅類。一旦被采采蠅叮咬，無論是人還是動物都會陷入昏睡，甚至會神經混亂。人如果被叮咬後沒有得到及時救治，病原體就會侵入大腦，很可能引發腦膜炎，變成植物人，甚至會有生命危險。

采采蠅 2

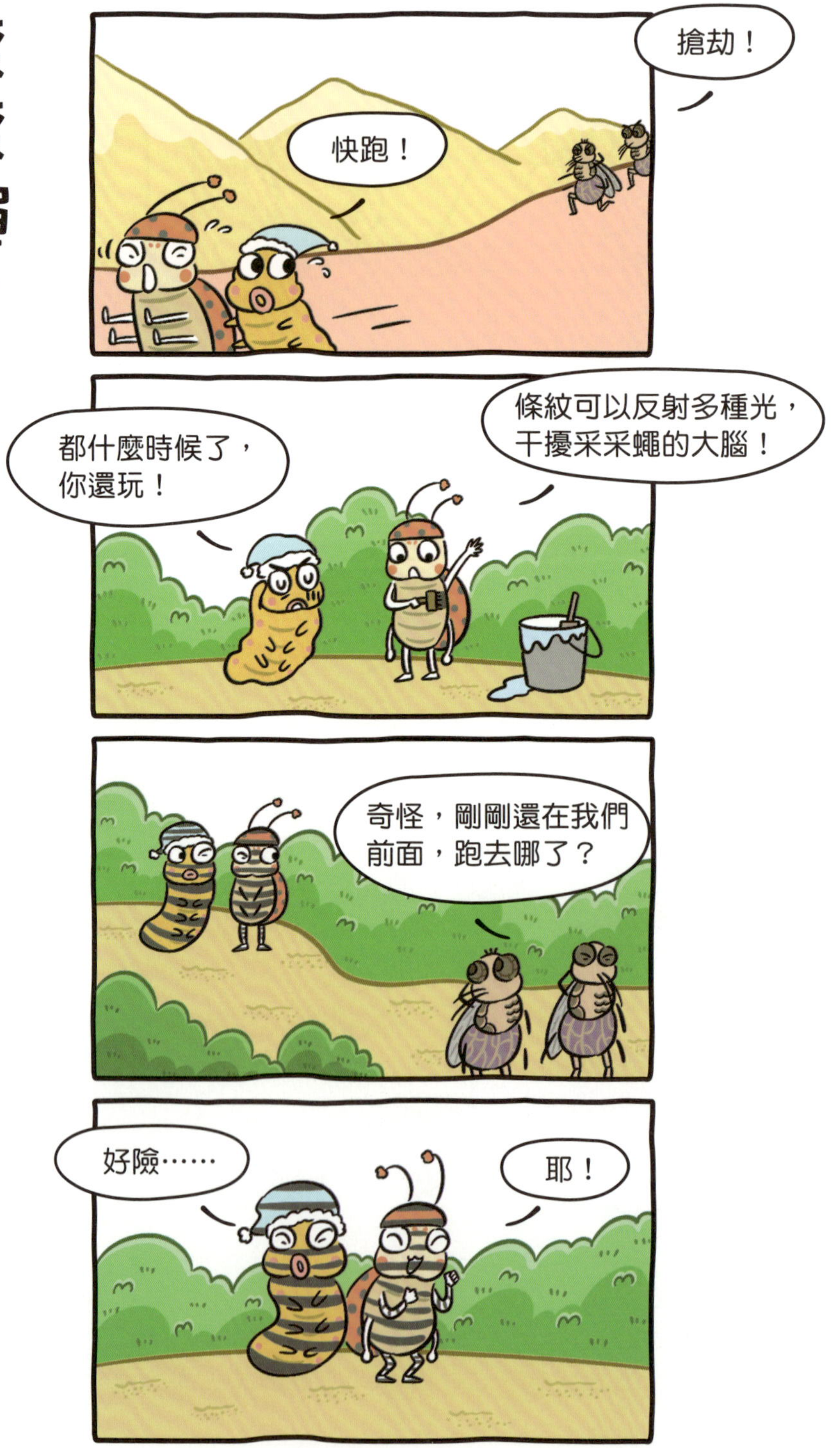

雖然被采采蠅叮咬聽起來很嚇人，但仍有辦法可以應對。采采蠅存在視覺缺陷，只能看到一整塊大面積的物體，而條紋可以反射多種光，干擾采采蠅的大腦成像。所以在非洲，斑馬從未被采采蠅叮咬過。

印尼人面椿象

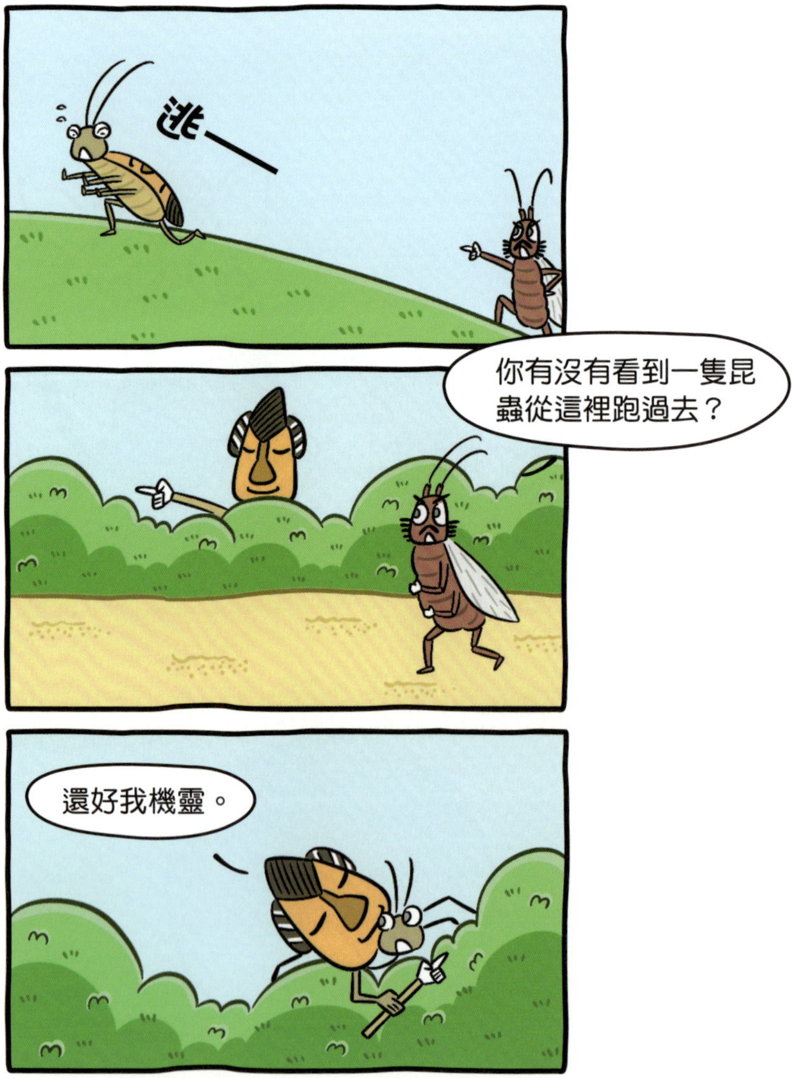

印尼人面椿象背部長有近似人臉的圖案。不過,「像人臉圖案」只是人類一廂情願的想法,昆蟲可不這麼認為,這種體色和斑點主要是為了能更完美地隱身於環境中。

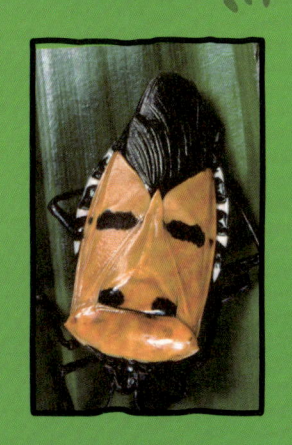

205

佛羅里達巨山蟻

哇,你家太美了!

我們喜歡用敵人的頭來裝飾家。

這是去年砍下的。

這是上個月砍下的。

這是……

我要替我三舅公八
大姨七叔公報仇！

三舅公八大姨七叔公，
孩子替你們報仇了！

　　佛羅里達巨山蟻的喜好說起來有點嚇人，就是喜歡用獵物的頭裝飾自己的家。佛羅里達巨山蟻會向獵物噴射蟻酸，使對方無法動彈，然後將獵物拖回巢穴，接下來發生的事……唉，你自己想吧。

當大人可真麻煩

新進員工

蜜蜂 2

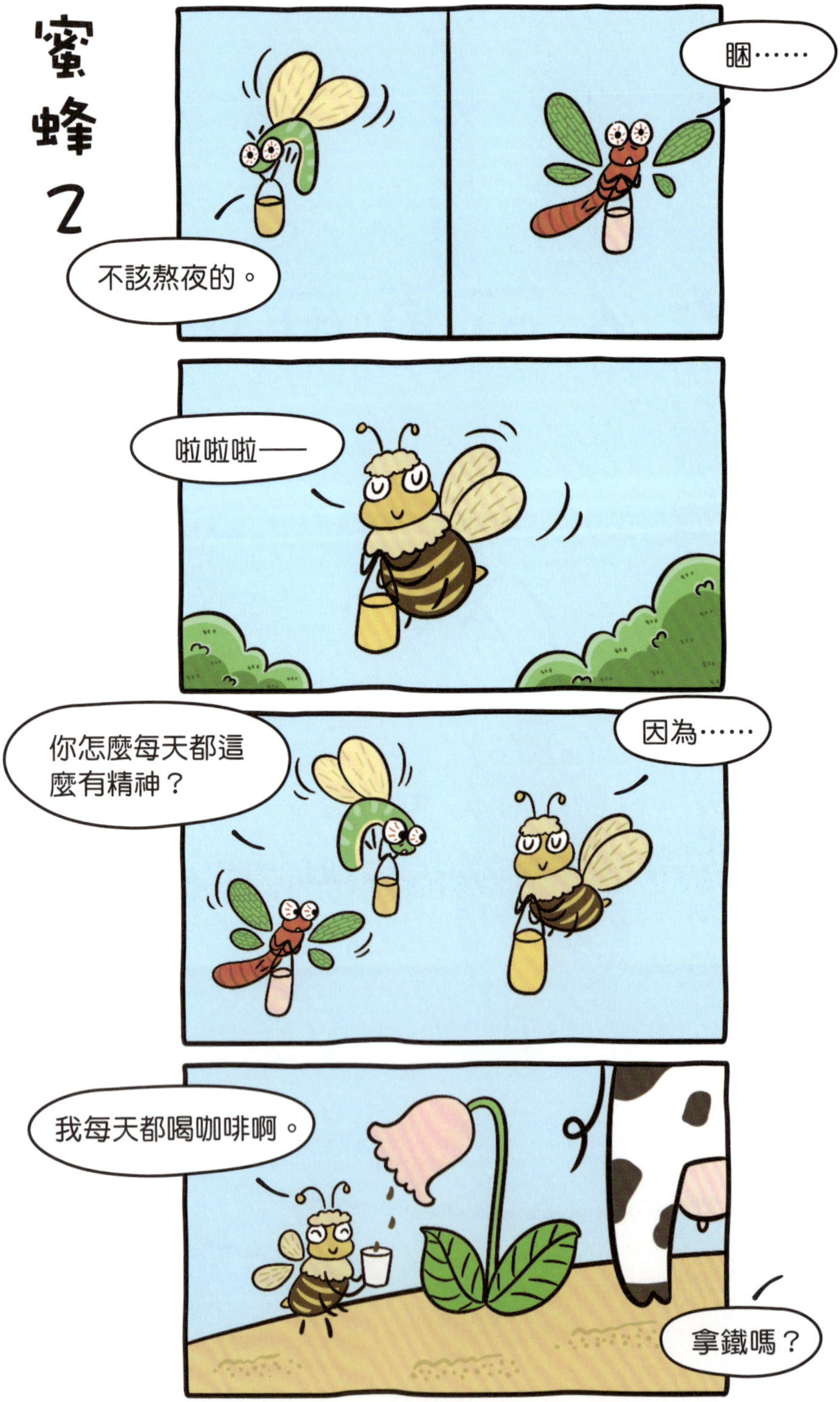

許多上班族的一天是從一杯咖啡開始的，但你可能不知道，蜜蜂也會對咖啡因上癮。咖啡因會刺激蜜蜂的大腦，特別是大腦中與對氣味的學習和記憶相關的區域。如果你看到蜜蜂總是留戀一朵花，也許正是花蜜中的咖啡因發生作用。

隱士臭花金龜

真好看化妝品公司徵才現場
我打字很快。
電腦軟體我很熟。

真好看化妝品公司徵才現場
企劃能力我第一。

真好看化妝品公司徵才現場
我們很會談戀愛。

真好看化妝品公司徵才現場
你們被錄取了！

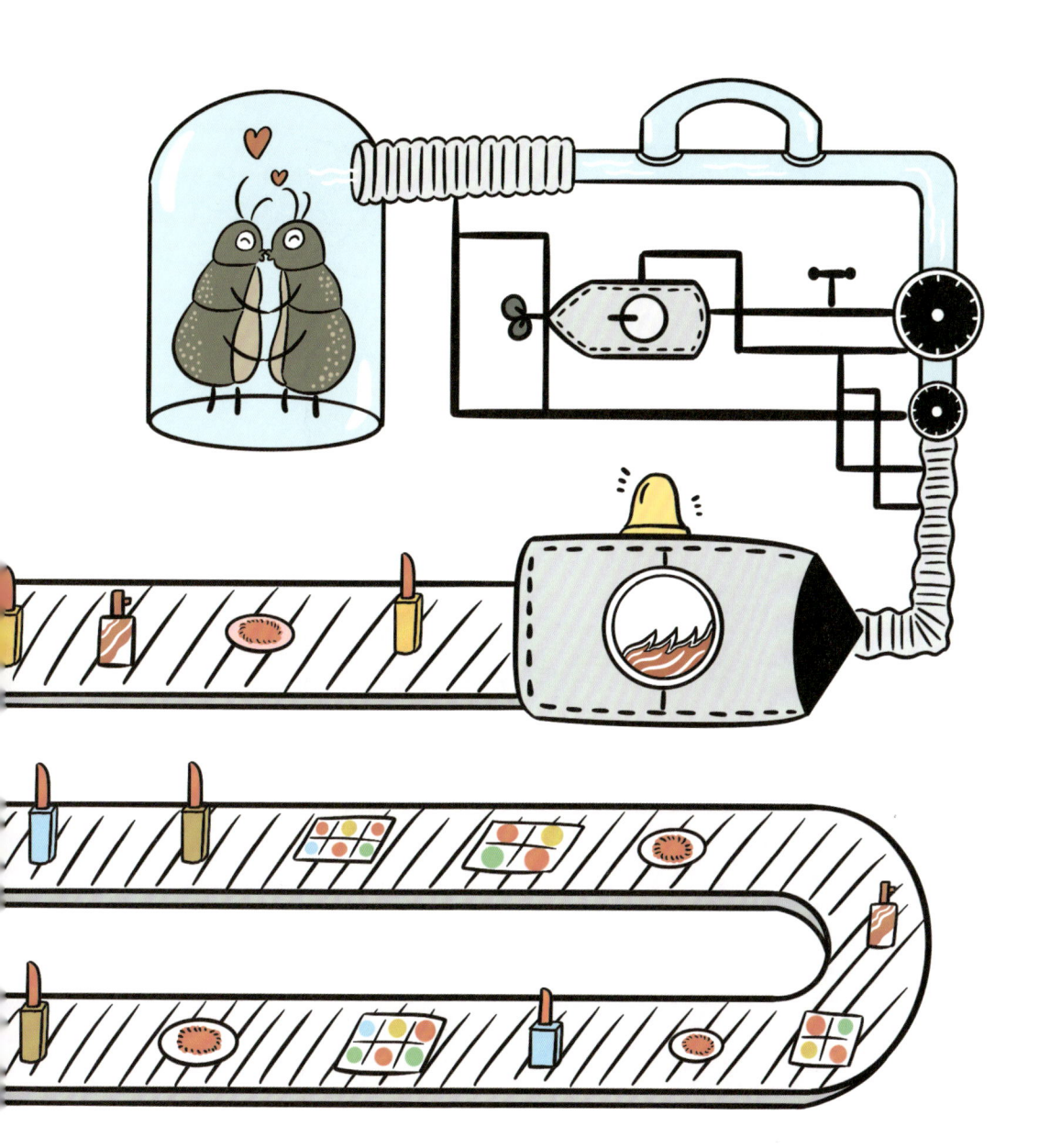

昆蟲給人類的啟發可真多，哪怕只是談個戀愛，也會促進人類化學工業的發展。例如隱士臭花金龜，其求愛時會散發一種讓人愉悅的桃子味芳香——γ-癸內酯。研究人員人工合成這種物質，並將它應用在化妝品、食品、飲料等產品上，以增加香氣。

213

蟑螂

好睏……
我也是，不然我們一起偷偷睡一下吧。
咳咳！
你看看小蟑上班多認真，再看看你自己！
說好一起睡的！
我是在睡啊，只不過我們蟑螂睡覺時眼睛是睜開的。

新進員工表揚大會

蟑螂沒有眼瞼,所以無法像人類那樣閉眼。如果你想知道蟑螂睡著了沒,可以看看觸角和足是不是保持著特定姿勢,還可以觀察其對外界的反應是否靈敏。事實上,所有的昆蟲都沒有眼瞼,睜眼睡覺並非蟑螂的「獨門絕技」。

水黽

我擅長跳高。

我善於負重。

我很會划水。

小黽，划了半天，你根本還在原地。

0分

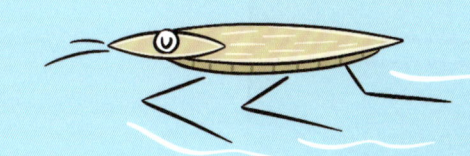

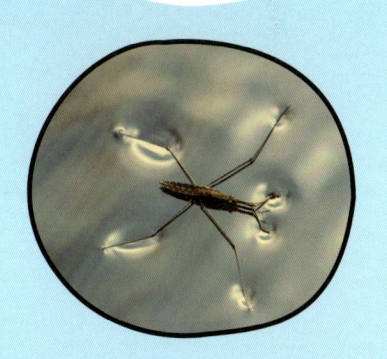

在水黽（ㄇㄧㄣˇ）的世界裡，「划水」是一項重要的生存技能。水黽可以在水面上每秒划動 75 公分，其長腿上有極細的纖毛，可以吸納空氣形成氣墊，這樣在快速划行的同時，就不會把腿弄濕。

七星瓢蟲

你濕氣很重，要多拔罐。

你的濕氣也很重嗎？

……

你作弊！

才沒有。

其實不只有七星瓢蟲，還有二星、四星⋯⋯二十八星瓢蟲。在絕大多數地區，跟其他種類的瓢蟲相比，七星瓢蟲在歐洲較為常見。

胭脂蟲

有蟲掉下來啦！

媽媽！媽媽！

化妝品公司
聯繫電話×××

藥品公司
聯繫電話×××

食品公司
聯繫電話×××

媽媽！

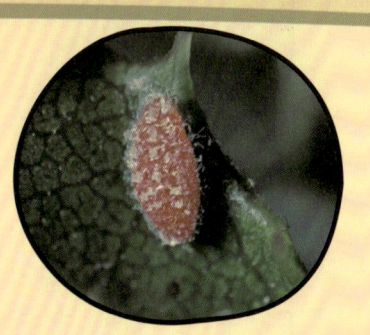

　　生產一支口紅，可能就有幾萬隻胭脂蟲要喪命。胭脂蟲是天然的著色劑，人類將其擠壓、搗碎，得到鮮紅色液體，這就是生產口紅的原料。由於天然安全、著色效果好等優勢，胭脂蟲也應用在食品、藥品等行業。

銀葉粉蝨

啊，是火！
飛蛾撲火告訴我們什麼道理呢？那就是經得起誘惑才能成就大事。
哇～！
銀葉粉蝨喜歡黃色，用黃色黏板抓他們最容易。
知道了，爺爺。

醒一醒，這是黃牌！

　　前有飛蛾撲火，後有銀葉粉蝨撲黃，我們把昆蟲對黃色的偏好稱為「趨黃性」。有一種說法是，因為自然界中黃色的花朵數量較多，所以很多昆蟲對黃色更加敏感，久而久之就會被黃色的物體吸引。可惜沒人告訴銀葉粉蝨，愛好有時也是別人對付你的手段，就像人類在農田間放置的黃色黏板一樣。

蟲生迷宮

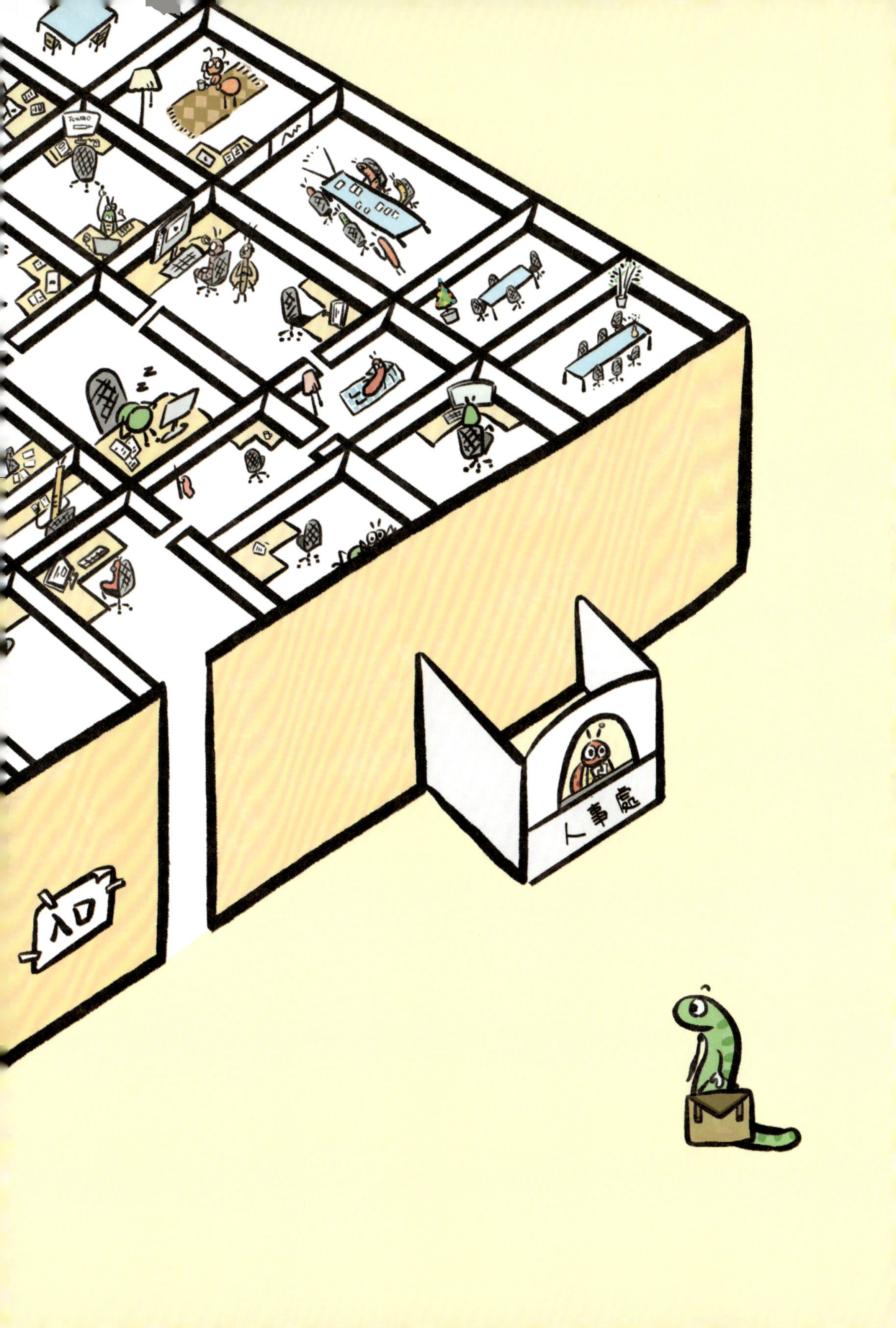
人事處
入口

紅毛竊蠹

她不愛我,我活著還有什麼意思!

小麗啊——

我們要愛自己,愛情不是靠自我傷害就能得到的!

不是啊,我們紅毛竊蠹就是靠撞牆來求愛的。

他怎麼了?

不知道,怪怪的。

你為什麼要戴安全帽？

這樣就不會撞得頭破血流了。

　　如果你在一座木頭房子裡聽到咚咚咚的敲打聲，千萬不要害怕，那很可能是紅毛竊蠹（ㄑㄧㄝˋ ㄉㄨˋ）在撞牆求愛。這樣的示愛方式可能有些激烈，但的確能因此找到對象。過去人們把這種咚咚聲視為死亡的象徵，殊不知那是心動的訊號。

蘭花螳螂

真情花店

我為妳準備了驚喜。

好美喔！

紅玫瑰的花語
我愛你

好香啊！

龍舌蘭的花語
為愛付出一切

蘭花的花語為什麼是「危險」？

危險

擁有花和昆蟲的雙重身分會是什麼感覺？蘭花螳螂形似蘭花，有著近似蘭花花瓣漸變色的體色。

蘭花螳螂對自己的模仿能力多有自信呢？牠不屑隱藏在花朵之中，而是直接站在葉片上，訪花昆蟲會誤以為是真的花朵而自投羅網。科學家曾做過對照實驗，將蘭花螳螂和真實的花朵並排擺放，一些蝴蝶衝向蘭花螳螂的比例甚至高於真花。你說，這些昆蟲知道自己誤闖禁區嗎？

小蜂科

是不是因為我太小了,所以從來沒被人真正看到過。

不,小蜂,只要你努力,總有一天會被大家看到的。

真的嗎?

真……

啪——

嘿，蝶蝶，你看到小蜂了嗎？

你也被踩了？

對啊，你也是嗎？

　　我們無法確切知道哪種昆蟲是世界上最小的昆蟲，但如果將範圍擴大，小蜂科昆蟲比目前已知的許多科昆蟲都要小，小到甚至不足 0.1 公分，比芝麻還小。小蜂啊，這篇漫畫不就讓大家看到你了嘛。

糞金龜 2

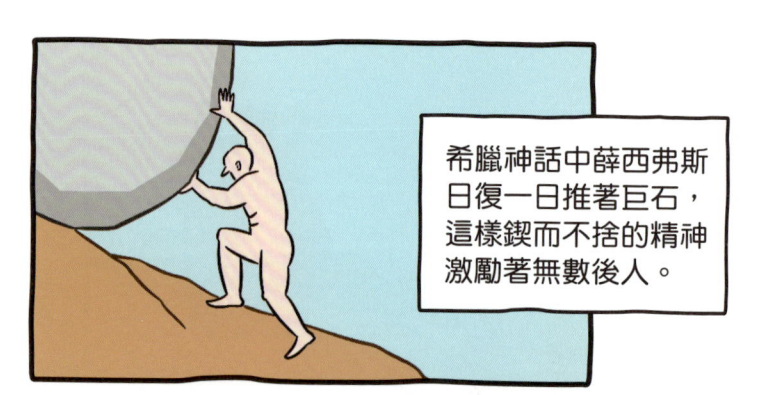

希臘神話中薛西弗斯日復一日推著巨石,這樣鍥而不捨的精神激勵著無數後人。

加油!加油!

……

嘿！

　　糞金龜俗稱「蜣螂」，喜歡倒退著用後腿推糞便。為什麼會這樣？一種說法是因其前足的平衡不佳，如果用前足推糞球，前方突然出現阻擋物，頭可能會撞到糞球上，就像急剎車時人會前傾一樣；另一種說法是因其後足較有力。當然，無論哪種說法都改變不了糞金龜對糞便的執著。

瓜實蠅

> 蟲生已經如此的艱難，有些事情你們就不要拆穿了，好嗎？

　　如果你是個想交朋友的「社恐」，可能會和瓜實蠅很有共鳴。瓜實蠅進化出有螞蟻圖案的翅（有些種類的花紋則像蜘蛛）。瞧！螞蟻的頭、胸、腹、觸角、六足一應俱全。當瓜實蠅揮動翅時，仿佛有螞蟻在周圍走動。當然，進化成這樣可不是為了熱鬧，而是靠「蟲多勢眾」來迷惑敵人。果然，最重要的還是保命啊。

蜘蛛

你不能吃我，不能！

你說說看，我為什麼不能吃你？

因為……因為……

因為你不是昆蟲，不應該出現在這本書裡！

好啦，下本書再讓你出現。

　　蜘蛛、蝸牛、蚯蚓、蜈蚣、馬陸、蠍子⋯⋯你會不會以為都是昆蟲？沒關係，很多人也是這麼認為的，其實牠們並不是昆蟲。告訴你一個簡單的判定昆蟲的口訣：身體分為頭胸腹，1對觸角3對足。只要滿足這些條件的動物，大多就是昆蟲了。

索引

- 蒼蠅 - 52、54、58、150
- 赫摩理奧普雷斯毛毛蟲 - 168
- 鼓甲 - 14
- 蜉蝣 - 84
- 划蝽 - 86
- 佛羅里達巨山蟻 - 206
- 竹節蟲 - 100
- 蟑螂 - 214
- 伊莎貝拉天牛 - 186
- 叩頭蟲 - 40
- 松毛蟲 - 162
- 爆炸平頭蟻 - 176
- 瘤蛾 - 26
- 小蜂科 - 230
- 虎甲蟲 - 172
- 扁頭泥蜂 - 116
- 蜉蝣 - 102、104
- 胡蜂 - 146
- 紅袖飛蟲 - 70
- 北極燈蛾 - 122
- 椿象 - 160
- 鼠尾蛆 - 44
- 長喙天蛾 - 74
- 白蟻 - 96、98
- 蠼螋 - 30
- 葉蟎 - 92
- 獵蝽 - 120
- 稠李巢蛾 - 158
- 秋行軍蟲 - 108
- 鬼臉天蛾 - 166
- 悍蟻 - 144
- 截首蟻 - 182
- 鎧蠅 - 78
- 熊蜂 - 112
- 水黽 - 216
- 泥蜂 - 134
- 沉睡搖蚊 - 12
- 隱士臭花金龜 - 212
- 羽蝨 - 48
- 17年蟬（週期蟬）- 80
- 琴蟲 - 8
- 舞虻 - 82
- 銀葉粉蝨 - 222
- 蜘蛛 - 236
- 沫蟬 - 24
- 收穫蟻 - 130
- 子彈蟻 - 192
- 鰹節蟲（皮蠹）- 178
- 石蠶蛾 - 28

印尼人面椿象 - 204
螞蟻和蚜蟲 - 110
長臂天牛 - 76
獨角仙 - 42
鹿角實蠅 - 68
捲葉象鼻蟲 - 156
姬蜂 - 36
七星瓢蟲 - 218
埋葬蟲和蟎蟲 - 66
頭蝨 - 18
切葉蜂 - 6
頭蠅 - 4
蟻后 - 154
吉丁蟲 - 148
蜜蜂 - 174、210
貓毛蟲 - 32
象鼻蟲 - 50
枯葉蝶 - 196
糞金龜 - 46、232
龍眼雞 - 166
蟻蛉、蟻獅 - 132、140
蜜罐蟻 - 126
中國巨竹節蟲 - 34
瓜實蠅 - 234
蟬寄甲 - 2
豆芫青 - 60
美東笨蝗 - 190
小灰蝶 - 90
食蚜蠅 - 118
隧蜂 - 136
行軍蟻 - 16
沐霧甲蟲 - 10
紅毛竊蠹 - 226
棕長頸捲葉象鼻蟲 - 64
弄蝶 - 124
采采蠅 - 200、202
負泥蟲 - 22
蜻蜓 - 62
螢火蟲 - 94
胭脂蟲 - 220
三葉蟲紅螢 - 142
血鼻甲蟲 - 188
炮步行蟲 - 170
蟋蟀 - 198
蘭花螳螂 - 228
孔雀蛺蝶 - 184
蚊蠍蛉 - 114

239

一不小心就成為昆蟲了：笑不停的昆蟲冷知識

作　　者：陳　聘
企劃編輯：王建賀
文字編輯：王雅雯
設計裝幀：張寶莉
發 行 人：廖文良

發 行 所：碁峰資訊股份有限公司
地　　址：台北市南港區三重路 66 號 7 樓之 6
電　　話：(02)2788-2408
傳　　真：(02)8192-4433
網　　站：www.gotop.com.tw
書　　號：ACK020200
版　　次：2025 年 04 月初版
建議售價：NT$350

國家圖書館出版品預行編目資料

　　一不小心就成為昆蟲了：笑不停的昆蟲冷知識 / 陳聘原著. -- 初
　版. -- 臺北市：碁峰資訊, 2025.04
　　　面；　公分
　　ISBN 978-626-324-896-0(平裝)

　　1.CST：昆蟲學　2.CST：通俗作品
387.7　　　　　　　　　　　　　　　　　　　　　　　　113012462

商標聲明：本書所引用之國內外公司各商標、商品名稱、網站畫面，其權利分屬合法註冊公司所有，絕無侵權之意，特此聲明。

版權聲明：本著作物內容僅授權合法持有本書之讀者學習所用，非經本書作者或碁峰資訊股份有限公司正式授權，不得以任何形式複製、抄襲、轉載或透過網路散佈其內容。
版權所有‧翻印必究

本書是根據寫作當時的資料撰寫而成，日後若因資料更新導致與書籍內容有所差異，敬請見諒。若是軟、硬體問題，請您直接與軟、硬體廠商聯絡。